純淨溫和！

插畫風

Natural Homemade Soap

手工皂

以天然色粉調色，
30 款純色、混色、
幾何圖形、
繪畫圖案冷製皂

畫皂達人
金度希 著

李靜宜 譯

朱雀文化

前言
為肌膚量身打造，獨一無二的冷製皂

原本與天然手工皂完全扯不上關係的我，數年前在某個偶然的機會下，開始了手工皂製作，從此結下不解之緣。後來更離開原本的工作崗位，自己創立工作室持續創作，也因此有機會出書，跟大家在這裡見面。

關於製作手工皂，自認不足地方還很多，接到出書的邀約時，一度煩惱究竟要介紹哪些內容，方能對大家有所幫助。回想過去剛接觸手工皂時，也和很多人一樣覺得做法難如登天，所以，我決定以簡單明瞭的方式介紹。

我想以最簡單的方式說明做皂步驟，初學者可以學得更快，除了製作方式，我也會介紹一些基本的手工皂設計，至於配方、材料，盡可能以容易取得的材料為主。

本書的主角低溫冷製皂（CP皂），是以各種油脂為主原料，再加上對皮膚極好的天然添加物、一些能凸顯手工皂特色的色彩材料製作而成。只要放置1個月以上乾燥和熟成，就大功告成囉！可以選擇喜歡的油和添加物，經過一段時間，完全為肌膚量身打造的手工皂誕生了，而且是獨一無二，是不是很吸引人呢？另外，我接觸手工皂一段很長的時間了，究竟它有什麼魅力，讓我如此喜愛呢？

1.卓越的保濕力
因為主原料是植物油，所以做成的手工皂裡含有植物油原來的成分與營養，天然脂肪酸皂化後產生的純天然甘油為高保濕因子。質地細緻而且擁有極佳的保濕力，能維持肌膚的洗淨與淨化能力。

2.溫和不刺激
相較於含有數十種化學物質的市售洗潔劑，天然手工皂只含少數幾種天然原料，所以不會對肌膚產生刺激，非常溫和。

3.量身打造客製化
可以選擇喜歡的材料，並且以純手工少量製作，可以為自己的肌膚量身訂做。

4.友善環境很環保
由於完全不使用任何會污染水源的化學材料，所以不會對環境造成負擔。

由衷希望大家都能感受天然手工皂的各種魅力。這是我第一次出書，很擔心有說明不足的地方，任何指教之處，都歡迎隨時來工作室一起討論。

最後我要感謝我的夥伴慶美老師，提供本書所有的製皂步驟照片，另外還有我的家人，以及所有曾來Nov Workershop工作室拜訪的朋友，在此表達感謝之意。

2018年初夏，金度希

溫馨小提醒

01. 冷製皂的做法分成3個Step.（步驟），Step.1和Step3.是共通的基本步驟，先在P.29～30詳細介紹，而Step2.則在各款手工皂中說明。

02. 攪拌粉末和用油時，可額外添加適量向日葵籽油、葡萄油和蓖麻油。（參照P.31）

03. 添加物可依照個人喜愛變化。

Contents
目　錄

PART01 生活機能手工皂

SPECIAL 畫皂訣竅

只要學會各種皂液黏度的操作，
靈活應用，成功製作畫皂不是夢！

PART02　基本花樣手工皂

PART03　應用圖案手工皂

BONUS　油&添加物&配方總整理

製皂前，必須先了解這些

我在書中主要介紹的製皂方法是「低溫冷製法」，就是在製作過程中，不會加熱。只要在材料上做些變化，就能製作出各種性質的手工皂。在製作過程中一定會用到三種材料：油、氫氧化鈉以及精製水。油（脂肪酸）與鹼（氫氧化鈉）結合產生皂化反應後，會得到產物甘油，並形成肥皂。

油（脂肪酸）＋氫氧化鈉＋精製水＝肥皂＋甘油

氫氧化鈉是一種強鹼原料，目的是跟油產生化學反應後形成肥皂，所以必須精準計算用量，這樣油和氫氧化鈉才會成功產生反應，皂化後氫氧化鈉的成分並不會殘留在肥皂裡。

打皂前，先決定好以下的用量

準備打皂前，務必先算好以下材料的用量，打皂過程會更順利。

計算
精製水所需的量
比例為油量的30～
40％，通常使用
33％的量。

油的
組成比例
依照個人膚質、使用季
節的不同，可使用4～6
種油類，像棕櫚油、
椰子油等等。

計算
氫氧化鈉所需的量
利用皂化值計算出氫氧
化鈉所需的量（參照
P.18）。

決定添加物
的種類與量
保存劑5～10公克，
粉末類以10～30公
克為適量。

油的總量
製作1公斤低溫冷
製皂時，所需油
量為750克。

精油
約佔肥皂的1～
3％為適量。

專門用語

熟記以下幾個專門用語與常識，打皂更易成功。

減鹼
減鹼（Discount）為減少氫氧化鈉用量的一種方法。若減少氫氧化鈉用量，部分油因為不會皂化，可以做出更純、更細緻的肥皂。減鹼量為減少5～10％的氫氧化鈉用量，如果減少太多，會造成皂化不完全或容易酸敗，因此減鹼的量較多時，可以多添加保存劑或維他命E。

皂化
是指脂肪碰到鹼後，水解形成肥皂和甘油的過程。

超脂
超脂（Superfat）是指除了皂化的基底油之外，額外添加一些機能性油類，目的是保留不被皂化的油脂。用這個方法可做出質地更純、含有豐富養分的手工皂。若超脂的量太多，做好的肥皂容易酸敗，用量最好佔總油量的1～3％。

痕跡

痕跡（Trace）是指水、氫氧化鈉和油在皂化過程中產生的痕跡。打皂時，當液體變成接近美乃滋的濃稠狀態時，以打蛋器舀起皂液，可以在皂液表面畫出痕跡。

保溫

冷製皂液（CP皂液）打好倒進皂模後，在皂化過程會升溫，如果溫度降太快，就會影響成品品質，所以必須用毛巾或毛毯將皂模包覆起來保溫，只需要保溫即可，不必額外加熱。

果凍化

保溫時，當皂液溫度太高或承受的壓力太大時所產生的現象，肥皂看起來會呈現透明感。雖然成品的使用觸感較細緻，但缺點是比較快酸敗。

乾燥

保溫完後，肥皂務必要放在陰涼、通風良好的地方乾燥，透過乾燥的過程，肥皂裡的鹼性成分，才能完全皂化，產生甘油。乾燥過程越久，肥皂使用觸感越佳。

製作手工皂的大致流程

以下條列整理製作手工皂的流程，讓大家更輕鬆了解。

1. 準備材料與工具，像是圍裙、手套、袖套、口罩等等。一旦開始製作，便無法中斷，所以一定要在操作前，先備妥工具與材料，才能專心打皂。

2. 事先完成需使用的精油和添加物的計量。

3. 將凝固的基底油融化，計量好配方裡所有油脂用量。

4. 計量好氫氧化鈉和精製水的用量。氫氧化鈉加入水裡溶解，調成氫氧化鈉水溶液。

5. 氫氧化鈉水溶液加進計量好的油脂裡，攪拌均勻。

6. 滴入精油和添加物，攪拌均勻。

7. 將皂液倒進皂模。

8. 皂模放進箱子內24～48小時，以利產生皂化反應。箱子蓋上蓋子保溫。

9. 完成保溫後取出皂模，肥皂脫模後裁切，進行1個月以上的熟成、乾燥，便大功告成囉！

關於工具

打皂用的工具,其實跟廚房煮飯器具很類似,
但大家要注意,打皂、煮飯的器具不能混用,一定要另外準備。

電子秤

使用電子秤,可精準計
量所需的用油和粉末。

電磁爐

融化皂基、油脂,或提
高溫度時使用。

不鏽鋼刻度量杯

若使用鋁、鐵或銅等材質
的製品,可能會引起化學
反應,應避免使用。

塑膠刻度量杯

可以用來裝不同顏色的皂液,也可以用來計量用油。

玻璃刻度量杯

用於計量用油或添加物。

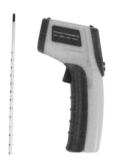

溫度計

可用於測量油脂、皂液、氫氧化鈉的溫度。普通的玻璃溫度計或紅外線溫度計也可使用。

小刮刀

可用於攪拌皂液,一般以矽膠材質為主,可準備各種尺寸的刮刀。

均質機&打蛋器

可用於攪拌油或皂液。有一點要注意的是,如果均質機的速度太快,攪拌皂液時可能會產生氣泡。

湯匙&叉子

可用於攪拌材料,以及在皂液表面畫花樣。

擠花袋&擠花嘴

利用各種造型的花嘴,就能變化出許多設計花樣。如果沒有擠花嘴,可用美乃滋罐的蓋子(錐狀,頂端有尖口)代替。

皂模

用於盛裝並凝固皂液。有基本的吐司模、方形與圓形等皂模。

切皂器

可用於裁切風乾完成的肥皂。當然也可以使用一般刀子和砧板裁切。

保溫用毛毯與箱子

為手工皂保溫時使用，可使用普通紙箱或保麗龍箱。

乙醇

皂模於使用前需先噴灑乙醇消毒，乙醇和精製水以7.5：2.5的比例配製。

圍裙

打皂時經常會發生皂液噴濺的情況，穿上圍裙就能避免皂液噴到衣服。

手套＆袖套

打皂時最好戴上手套與袖套，可以保護雙手與手臂。

護目鏡

由於操作氫氧化鈉時會產生氣體，必須戴上護目鏡防護。

關於材料

油是手工皂的主成分，
以使用植物油為主，依照油的種類與配方不同，
對肌膚產生的影響、泡沫狀態和使用感也會有所差異。

椰油

萃取自椰子的種子，優點是可以增加肥皂的泡沫，增進洗淨力。因為含有大量月桂酸，可增加皮膚免疫力，對於保濕和防止老化也都有效果。椰油具有能夠讓肥皂更結實的性質，讓皂化能更穩定進行，而且油質不易酸化，因此是製作手工皂最常見的用油。

橄欖油

含有豐富不飽和脂肪酸油酸，所以保濕效果相當卓越，可讓肌膚柔嫩有光澤，尤其適合乾性肌膚、問題肌膚、敏感性肌膚使用，也有防止老化的功用。橄欖皂和馬賽皂的主原料就是橄欖油，質地溫和適合小孩與敏感性肌膚使用。橄欖油的另一項特徵就是，需較長的時間才會達到痕跡（Trace）狀態。

棕櫚油

手工皂最重要的基底油，可增加手工皂的結實度與起泡力，通常跟椰油一起搭配使用。棕櫚油在常溫下是固體，但若遇到高溫就會變成液體。此外棕櫚油還能加速皂化，加上含有油酸，所以具有極佳的保濕效果。

油 的 種 類

這裡介紹的，都是打皂時常見的油品，各有其特色，大家可以先了解，再選擇適合自己的製作手工皂。

杏仁油

適合所有類型的肌膚使用，容易被乾燥肌膚吸收，可用於按摩臉部。含有豐富的生育醇、維他命與礦物質，具有去角質、改善膚色暗沉的功用，對敏感肌膚、容易乾癢的肌膚也有鎮定效果。

米糠油

萃取自米糠，質地清爽不黏膩，容易為肌膚所吸收。含有豐富的必需脂肪酸以及具有抗酸化作用的維他命E，因此抗老、保濕的效果相當卓越。米糠油的另一項特徵就是，很快能達到痕跡（Trace）的狀態。

蓖麻油

具有高黏度、油膩的特性，可增加肥皂的結實度，讓泡沫更持久。有優越的保濕效果，適合乾燥、老化以及免疫力弱的肌膚，是容易達到痕跡（Trace）狀態的油類之一。

酪梨油

酪梨油有森林奶油之稱，含有豐富的營養素，像是維他命A、B_1、B_2、B_5、D、E，以及礦物質、蛋白質和卵磷脂，可提供乾燥、敏感以及老化肌膚充足的養分。

葡萄籽油

油分少、質地較不黏稠，容易被皮膚吸收，是油性肌膚與痘痘肌膚都能放心使用的油款。所含生育酚和兒茶素具有抗氧化功效，除了可以抗老化，也能防止手工皂酸敗，可以延長保存期限。

月見草油

具有鎮定、治療傷口、舒緩乾燥症的特性，含有豐富的必需脂肪酸，對於異位性皮膚炎和濕疹等皮膚病都有療效。

紅花籽油

含有豐富礦物質和蛋白質，具有防止肌膚老化、促進肌膚再生的功效。另外還有亞油酸，以及大量的維他命E，具抗氧化效果，能有效防止肌膚老化，並提供肌膚水分與養分，是對於皮膚美容很有功效的油款。

玫瑰果油

有改善老化肌膚的功效，常用於按摩油的製作。所含的維他命C足足有橘子的20倍，有助於修復受損肌膚，此外還可以活化肌膚細胞和促進新陳代謝，對於改善肌膚皺紋與防止老化都有不錯的功效。

乳油木果油

乳油木果油具有極佳的保濕效果，使用少量便能充分感受到保濕效果。適合乾性肌膚，可舒緩皮膚炎、燙傷和妊娠紋，做成的手工皂泡沫非常絲滑且豐厚。

夏威夷豆油

與人體脂肪酸類似，皮膚親和性佳，是能直接塗抹於皮膚的保濕劑。因具備良好的皮膚穿透性，能夠讓肌膚保持水嫩，還有助於血液和淋巴液的流動。對於皮脂分泌下降的老化肌膚，以及乾燥肌膚都有功效。相較於其他油較不易氧化，保存期限較久。

油的主要成分：脂肪酸

脂肪酸是油的主要成分，由碳氫構成，可分成飽和脂肪酸與不飽和脂肪酸，那要如何區別飽和、不飽和狀態呢？主要取決於雙鍵數目。

飽和脂肪酸

不帶有雙鍵，主要為動物性油脂，不過椰子油和棕櫚油雖然屬於植物油，但是飽和脂肪酸的含量卻很高，特徵是常溫時呈現固體狀態，除了能使皂體更結實，也能夠讓泡沫變多。

不飽和脂肪酸

分子結構內的氫數比碳數少，而呈現不飽和狀態，而且雙鍵較多，特徵是在常溫下為液體狀態，並具有 極高的保濕力。

脂肪酸的特徵

以下整理出多種油的脂肪酸的特色，讓大家快速了解。

月桂酸
Lauric Acid

飽和脂肪酸。泡沫結實、洗淨力強且豐富。雖然有刺激性，但不會引起過敏反應。

蓖麻油酸
Ricinoleic Acid

不飽和脂肪酸。具保濕效果，泡沫持續且豐富。

硬脂酸
Stearic Acid

不飽和脂肪酸。泡沫結實、穩定。

油酸
Oleic Acid

飽和脂肪酸。可使手工皂和化妝品所含的養分浸透至皮膚。

亞油酸
Linoleic Acid

飽和脂肪酸。具保濕效果，可調理肌膚。

棕櫚酸
Palmitic Acid

不飽和脂肪酸。泡沫結實、穩定。

肉豆蔻酸
Myristic Acid

飽和脂肪酸。泡沫結實、洗淨力強且豐富。

脂肪酸的特徵表

區分	脂肪酸	結實	洗淨力	泡沫	保濕力	泡沫穩定性
飽和脂肪酸	肉豆蔻酸	●	●	●		
	月桂酸	●	●	●		
	棕櫚酸	●				●
不飽和脂肪酸	硬脂酸	●				●
	油酸				●	
	亞油酸				●	
	蓖麻油酸			●	●	

各種油的脂肪酸組成比例

區分	肉豆蔻酸	月桂酸	棕櫚酸	硬脂酸	油酸	亞油酸	蓖麻油酸
椰子油	15~23%	39~54%	6~11%	1~4%	4~11%	1~2%	
棕櫚油			43~45%	4~5%	35~40%	9~11%	
橄欖油			7~14%	3~5%	68~81%	5~15%	
米糠油			13~23%	2~3%	32~38%	32~47%	
杏油			4~7%		58~74%	20~34%	
蓖麻油					3~4%	3~4%	90%
向日葵籽油			7%	4%	16%	70%	
葡萄籽油			5~11%	3~6%	12~28%	58~78%	
月見草油			7%	2%	6~11%	68~80%	
酪梨油			7~32%	2%	36~80%	6~18%	
玫瑰果油			4%	2%	12~13%	35~40%	
紅花籽油			6~7%		10~20%	70~80%	
夏威夷豆油			7~10%	2~6%	54~63%	1~3%	
乳油木果油			3~7%	36~45%	40~55%	3~8%	

認 識 精 製 水

精製水溶入氫氧化鈉後，有助於跟油起反應，用量是整體用油量的30～40％（通常為33％），完全乾燥後會有12～15％留在皂體。一般精製水多使用沒有雜質的蒸餾水，使用飲水機的水也可以，但是如果礦物質含量較多，跟氫氧化鈉產生反應後，手工皂很有可能容易酸敗，所以必須避免。精製水可用牛奶、山羊奶、小米酒、啤酒、葡萄酒、中藥水等水狀層原料代替。

認 識 氫 氧 化 鈉

氫氧化鈉又叫鹼片，為PH14的強鹼，使用時務必格外注意，一定要配戴手套、袖套、口罩以及護目鏡。每種油皂化時所需的氫氧化鈉量都不同，此為皂化值。

計算氫氧化鈉用量

氫氧化鈉用量計算基本公式	用油量 × 皂化值＝氫氧化鈉用量 例：橄欖油750公克 × 0.134＝100.5公克
氫氧化鈉純度套用與帶入想要的減鹼量	（用油量 × 皂化值）× 氫氧化鈉純度 × 想要的DC值＝氫氧化鈉用量 例：橄欖油：750公克 橄欖油皂化值：0.134 氫氧化鈉純度：98％ DC：5％ （750 × 0.134）×（1／0.98）×0.95＝約97公克

各種油的皂化值

每1公克油皂化時所需的氫氧化鈉用量

油	氫氧化鈉值	油	氫氧化鈉值
椰油	0.183	玫瑰果油	0.133
棕櫚油	0.142	大豆油	0.136
葡萄籽油	0.1265	芒果脂	0.137
蓖麻油	0.1286	黑芝麻油	0.134
大麻籽油	0.1345	棉籽油	0.138
橄欖油（Pure）	0.134	硬脂油	0.148
橄欖油（Virgin）	0.133	猴麵包樹油	0.143
向日葵籽油	0.134	乳油木果油	0.128
油菜花油	0.133	蜂蠟油	0.069
可可脂	0.138	榛果油	0.1356
花生油	0.136	荷荷巴油	0.069
小麥胚芽油	0.13	紅花籽油	0.136
杏仁油	0.135	白芒花籽油	0.12
綿羊油	0.076	玉米油	0.136
山茶花油	0.139	豬油	0.141
月見草油	0.135	琉璃苣油	0.1358
綠茶籽油	0.137	櫻桃籽油	0.135
楝樹油	0.139	咖啡脂	0.128
米糠油	0.128	亞麻籽油	0.135
甜杏仁油	0.136	貂油	0.14
夏威夷豆油	0.139	胡桃油	0.135

認識添加物

精油

為增添手工皂的香味而加入，主要有「精油」和「香氛精油」兩種。香氛精油是人工所製，精油則是萃取自植物的花、莖、葉、根等部位，跟香氛精油比起來，缺點是氣味跟持續力比較弱，而且在皂化過程中，會因為強鹼而損失一些。建議使用一種以上的精油，這樣效能、發香力都能更凸顯。

精油氣味系列別

混搭精油時，同系列的香味互相搭配的效果更佳，味道更明顯，或者也可以搭配相近的系列。

草本系	羅勒、快樂鼠尾草、墨角蘭、辣薄荷、留蘭香、迷迭香、小茴香、麝香等。
柑橘系	橘子、檸檬、葡萄柚、萊姆、香茅、香檸檬、桔子等。
花香系	薰衣草、橙花、洋甘菊、老鸛草、茉莉、玫瑰等。
東方情調	檀木、依蘭、香根草、廣藿香等。
樹脂系	安息香、乳香、沒藥（末藥）等。
辣味系	肉桂、薑、丁香、黑胡椒等。
樹木系	尤加利樹、雪松、茶樹、杜松子、苦橙葉、松樹、花梨木等。

精油香調

每一種精油香味揮發的速度、持久時間都不一樣，依照這些特性，精油可分成前調
（Top Note）、中調（Middle Note）以及後調（Base Note）三種。

前調精油的揮發性強，香味容易消散；中調精油為中心氣味；後調精油主要負責均衡
整體香氣，味道比較厚重。若能善加混合此三種精油，就能做出氣味迷人的手工皂。
可將每種精油滴少許在有機容器內，然後聞一聞味道，再挑選搭配。

推薦混搭比例為前調：20～40%，中調40～80%，後調：10～25%。

前調精油	中調精油	後調精油
檸檬、橘子、葡萄柚、桔子、香檸檬、萊姆、香茅、麝香草、尤加利樹、羅勒、檸檬草、茶樹、薑、苦橙葉	橙花、薰衣草、玫瑰、辣薄荷、花梨木、墨角蘭、依蘭、老鸛草、洋甘菊、快樂鼠尾草、松樹、小茴香、玫瑰草	安息香、檀木、肉桂、雪松、廣藿香、乳香、香根草、茉莉

精油用量

精油的最佳用量佔皂體重量的0.5～2%左右，例如製作1公斤手工皂，精油用量約5～
20公克。精油用量可用電子秤秤量，也可以以滴數計算，通常20滴精油相當於1公克的
重量。

精油使用注意事項

精油必須存放在玻璃或不鏽鋼容器裡，避免讓皮膚接觸精油原液。孕婦、嬰幼兒、老
年人、有特殊疾病者可能會對精油的氣味產生過敏反應，如果是上述這些人要用的手
工皂，最好不要加入精油。

香草

將香草浸泡在油裡萃取成分，或跟精製水一起熬煮，就能把香草的效能溶入手工皂裡，此外，也可以直接加進皂液中當作裝飾。

天然粉末

加入特定添加物，能增加手工皂本身的機能性，例如增加保濕、鎮定、去除老廢角質等功能，最好選擇優質的天然粉末。雖然這些粉末可以直接加在皂液裡，不過若能事先以1：2的比例，跟葡萄籽油或米糠油混合，就能更均勻溶在皂液中。

天然粉末的功效

天然粉末	功效	天然粉末	功效
小麥草	恢復肌膚明亮、收縮毛孔	杏仁	保濕、抑制斑點
甜椒	含豐富維他命C、美白	可可	保濕
金盞花	止癢、緩和皮膚刺激	竹炭粉	清除毛孔污垢
綠泥	吸收皮脂、排出毒素	綠茶	改善青春痘、鎮定肌膚、改善黑斑與雀斑
魚腥草	改善青春痘、消炎、保護肌膚	卡拉明	止癢、消炎、保護肌膚
栗皮	改善青春痘、調理毛孔、去皮脂、去角質	五穀	去皮脂、去角質
南瓜	改善皺紋	黃土	清除毛孔污垢
青黛	抗菌、消炎	粉紅泥	軟化肌膚、調整肌膚紋理
辣木	消炎、抗氧化	湯花	止癢、保濕
陳皮	止癢、保濕	綠球藻	預防老化、改善皺紋、去角質、去皮脂

色素

製作手工皂時常用的材料，目的是造色。書中主要使用的色粉（Oxide），是從礦物質取得的原料，所含的危險物質和雜質都已被去除，非常乾淨且安全，可歸類為純天然成分的色素。些許用量便能呈現鮮明的顏色，優點是顏色不容易變，可以維持很久，能調出任何想要的顏色。

使用時，可以1：2～3的比例和油（葡萄籽油或米糠油）混合，然後用迷你打蛋機攪拌，使混合均勻不結塊。若有色素顆粒無法完全溶解，可以放在空茶包裡慢慢溶解，做出鮮明的顏色。用剩的色素須放入冷藏保存。

關於配方

配方可說是製作手工皂最基本，也是最重要的部分，配方正確才能做出符合需求的手工皂。自己調配方，更能做出世界上獨一無二的手工皂。每個人喜歡的肥皂特色與使用觸感都不同，所以配方沒有一定的標準，底下介紹幾款最基本的配方。

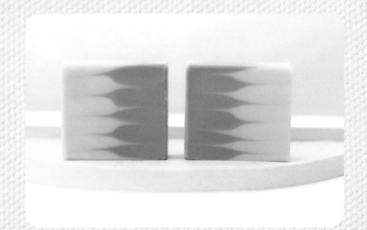

椰油、棕櫚油及其他保濕用油的比例基準

椰油和棕櫚油因含有大量飽和脂肪酸，如此良好條件有利於產生羧酸鹽。然而每種肌膚要求的洗淨力不同，因此建議依照所需，調整椰油和棕櫚油的比例。如果希望手工皂的泡沫更豐富，可以一起使用蓖麻油。

基底油總量以750公克為基準時

孩童、敏感性（20％以下）：椰油、棕櫚油150公克／其餘用油600公克

乾性（30～35％）：椰油、棕櫚油250公克／其餘用油500公克

中性（45～50％）：椰油、棕櫚油350公克／其餘用油400公克

油性（60～70％）：椰油、棕櫚油450公克／其餘用油300公克

如何依照基底油的特性做出好用的手工皂

手工皂最基本的功能就是洗淨力，單單使用椰油和棕櫚油做成的手工皂，保濕效果只能說微乎其微。因此，必須混合含有飽和脂肪酸的油來提高保濕力，也就是說，挑選能夠提供養分的油，以超脂（Superfat）的方式提高保濕力。不同的油做成的手工皂效用都不一樣，每次打皂時加入不同的油試驗、調整，便能做出好用的手工皂。

如何做出結實的手工皂

如果想做出結實的手工皂，訣竅就是：增加在常溫下呈現固體狀態的油（例如椰油、棕櫚油、乳油木果油、可可脂）。此外，加鹽也是一種方法，精製水加鹽溶解後，再加入氫氧化鈉，或者等皂液產生皂化反應後，再放入鹽，也能做出結實、不軟爛的手工皂。

如何利用添加物增加手工皂的效用

若想增加手工皂的效用，除了在基底油多點琢磨，另一個方法就是利用添加物，換句話說，就是利用添加物來強化手工皂的效用。各種天然粉末、蜂蜜、優格、雞蛋、果汁或蔬菜汁等，都是很好的添加物。

其他液體代替精製水

用來溶化氫氧化鈉的水，也可以用牛奶、茶、中藥水、小米酒、啤酒、葡萄酒等對皮膚有益的材料取代，就能提升手工皂的效用。使用含酒精的小米酒、啤酒和葡萄酒時，需事先煮沸，讓酒精成分揮發，等冷卻或稍微結冰後再使用。而牛奶、山羊奶等乳製品可能會因為氫氧化鈉，使蛋白質變質，所以必須結冰後使用。如果是茶類，則必須先煮沸，等冷卻後再使用。這些都需要事前準備，不像使用精製水那麼方便、簡單，最好先做好充分練習，等熟悉步驟後再使用。

各種肌膚適合的基底油 / 精油

皮膚類型	基底油	精油
乾性肌	酪梨油、橄欖油、月見草油、山茶花油、荷荷巴油、蓖麻油、甜杏仁油、馬油、金盞花油、夏威夷豆油、菜籽油	薰衣草、玫瑰草、廣藿香、依蘭、檀木、花梨木、老鸛草、橙花
異位性皮膚炎	橄欖油、荷荷巴油、月見草油、酪梨油、山茶花油、米糠油、大麻籽油、金盞花油、小麥胚芽油、貂油、乳油木果油、摩洛哥堅果油、瓊崖海棠油、玫瑰果油、亞麻仁油	洋甘菊、薰衣草、茶樹、老鸛草、檀木
油性肌	橄欖油、荷荷巴油、向日葵籽油、葡萄籽油、綠茶籽油、蓖麻油、聖約翰草油、榛果油、甜杏仁油	薰衣草、乳香、香檸檬、檸檬、杜松子、絲柏、桔子、茶樹、葡萄柚、老鸛草
痘痘肌	橄欖油、荷荷巴油、向日葵籽油、葡萄籽油、綠茶籽油、杏仁油、甜杏仁油、蓮花油、酪梨油、榛果油	香檸檬、老鸛草、杜松子、薰衣草、檸檬、萊姆、桔子、苦橙葉、茶樹、迷迭香、檀木、山蒼樹、沒藥、橙花、鼠尾草、絲柏、洋甘菊、松樹、安息香
預防老化	橄欖油、荷荷巴油、玫瑰果油、夏威夷豆油、甜杏仁油、綠茶籽油、蓖麻油、月見草油、大豆油、米糠油、摩洛哥堅果油、核桃油、葡萄籽油，琉璃苣油	玫瑰、橙花、乳香、檀木、檸檬、橘子、依蘭、沒藥、玫瑰草
敏感肌	酪梨油、橄欖油、荷荷巴油、夏威夷豆油、月見草油、杏仁油、甜杏仁油、葡萄籽油、山茶花油	薰衣草、老鸛草、洋甘菊、橙花、花梨木
保濕	橄欖油、荷荷巴油、山茶花油、米糠油、榛果油、杏仁油、甜杏仁油、酪梨油、玫瑰果油、紅花籽油	薰衣草、桔子、花梨木、檀木

各種肌膚適合的配方

底下是各種肌膚適用的用油配方,如果一時之間不曉得該怎麼選擇油的種類,建議參考底下表格。

乾性肌	椰油160公克 棕櫚油150公克 橄欖油150公克 杏仁油150公克 米糠油90公克 乳油木果油50公克	椰油170公克 棕櫚油160公克 橄欖油150公克 夏威夷豆油120公克 甜杏仁油100公克 葡萄籽油50公克
油性肌	椰油220公克 棕櫚油200公克 橄欖油100公克 向日葵籽油100公克 葡萄籽油80公克 蓖麻油50公克	椰油220公克 棕櫚油220公克 綠茶籽油120公克 向日葵籽油90公克 葡萄籽油70公克 榛果油30公克
敏感肌	椰油180公克 棕櫚油170公克 橄欖油150公克 月見草油100公克 向日葵籽油100公克 酪梨油50公克	椰油190公克 棕櫚油180公克 金盞花浸泡油130公克 山茶花油100公克 杏仁油100公克 荷荷巴油50公克
孩童	椰油150公克 棕櫚油140公克 橄欖油200公克 酪梨油120公克 月見草油100公克 乳油木果油40公克	椰油90公克 棕櫚油80公克 橄欖油330公克 乳油木果油150公克 大麻籽油100公克
老化肌	椰油 190公克 棕櫚油180公克 橄欖油120公克 玫瑰果油80公克 紅花籽油120公克 乳油木果油60公克	椰油170公克 棕櫚油170公克 橄欖油150公克 酪梨油120公克 小麥胚芽油80公克 葡萄籽油60公克

設計風格手工皂推薦配方

● 1號配方
可延緩皂化速度，皂液濃度較稀，方便設計花樣。

1公斤手工皂 基底油 750公克	椰油170公克 棕櫚油160公克 橄欖油150公克 向日葵籽油100公克 杏仁油120公克 葡萄籽油50公克	500公克手工皂 基底油 375公克	椰油85公克 棕櫚油80公克 橄欖油75公克 向日葵籽油50公克 杏仁油60公克 葡萄籽油25公克

● 2號配方
一般常用的設計風格手工皂配方

1公斤手工皂 基底油 750公克	椰油190公克 棕櫚油170公克 橄欖油150公克 米糠油120公克 杏仁油50公克 蓖麻油40公克 乳油木果油30公克	500公克手工皂 基底油 375公克	椰油95公克 棕櫚油85公克 橄欖油75公克 米糠油60公克 杏仁油25公克 蓖麻油20公克 乳油木果油15公克

● 3號配方
適合需要黏度較高皂液的手工皂

1公斤手工皂 基底油 750公克	椰油210公克 棕櫚油200公克 米糠油120公克 橄欖油100公克 蓖麻油40公克 向日葵籽油50公克 葡萄籽油30公克	500公克手工皂 基底油 375公克	椰油105公克 棕櫚油100公克 米糠油60公克 橄欖油50公克 蓖麻油20公克 向日葵籽油25公克 葡萄籽油15公克

製作冷製皂的共通基本步驟

冷製皂（Cold Process）的做法，在書中約可分成3大步驟。當中**「Step1.將油和氫氧化鈉水溶液攪拌均勻」**，以及**「Step3.最後階段」**為共通基本步驟，所以先在這裡說明，而Step2.則在各款手工皂頁面中介紹。

Step 1. 將油和氫氧化鈉水溶液攪拌均勻（攪拌皂液）

1.計量好基底油後，維持在40℃。

2.計量好氫氧化鈉與精製水用量，循序漸進將氫氧化鈉加在精製水裡，攪拌至完全溶解，完成後，讓氫氧化鈉水溶液維持在40℃。

Tips

氫氧化鈉一定要先加在精製水裡溶解，這點非常重要！

3. 氫氧化鈉水溶液過篩，倒進油裡。

4. 以均質機攪拌皂液。

5. 加入有防腐效果的維他命E。

6. 滴入精油。

Step 3. 最後階段

1. 皂液倒進皂模，蓋上蓋子，放進保麗龍箱子靜置2天（48小時），或以毛巾包覆保溫。48小時後再將肥皂脫模。

2. 肥皂裁切成想要的大小後，在通風良好的地方放置4～6星期，注意得避開光線直射。每4～5天替肥皂翻面，讓肥皂均勻風乾，做出來的成品會更完美。

攪拌油和粉末

1. 計量粉末。

2. 加入1～2倍粉末用量的油。比如向日葵籽油、葡萄籽油或蓖麻油都能使用，其他基底油也可以。

3. 將油和粉末攪拌均勻至沒有任何顆粒殘留。

製作圓形皂

1. 皂液裡加入想要的顏色添加物,攪拌均勻。

2. 將皂液倒進圓筒形狀皂模中。

3. 經過24小時以上的保溫過程後即可脫模。
   在需要使用的3～4天前製作好即可。

打皂時的注意事項

操作前的準備

備好所有材料和用具

在製作手工皂的過程中，無法稍微休息或同時進行其他事情。製皂的成功與否，有70～80％取決於事前準備，所以在動手做手工皂之前，必須把所有材料和用具都準備妥當，才能全心全意製皂。把會用到的皂模、玩花樣時會用到的工具都擺在工作臺上，油也要事先融化好，當然精油或色粉等添加物也必須準備好。

精準的計量

如果計量錯誤，可能導致製皂失敗，因此在計量上必須格外注意，務必將主原料和添加物精準計量。

工作臺與工作服裝

可在工作臺上鋪報紙或塑膠套，而穿上圍裙可保護身體，袖套、乳膠手套或塑膠手套一定要戴好，以防止皮膚接觸到氫氧化鈉。製皂的過程也請孩童和寵物避開，以免發生危險。

氫氧化鈉的用法

氫氧化鈉因為具有融化蛋白質的性質，是相當危險的材料，倘若皮膚不慎接觸到，就會變成燙傷，若吸食到更會傷害體內黏膜。因此製皂地點務必通風良好，一定要配戴手套、圍裙以及口罩。萬一皮膚不小心接觸到氫氧化鈉，得立刻以肥皂洗淨，用不完的氫氧化鈉要密封起來，存放於陰涼處。

製皂Q&A

Q：為什麼肥皂表面滑滑的？
A：可能是製皂過程超脂太多，或者保溫過程溫度太高，使油脂浮到表面。這時要把皂體表面的油脂擦乾淨，再乾燥。

Q：為什麼保溫過後，肥皂的表面出現白色粉末？
A：這是打皂過程溫度太低，或保溫過程溫度太低所引起，不過這並不影響手工皂的功能，可以安心使用。如果很在意，可以把白色粉末擦掉。

Q：為什麼肥皂表面會有水滴？
A：這是因為肥皂中所含的甘油成分吸收空氣中的水分所致，如果環境的濕度太高，很容易發生這樣的情形。這時可用衛生紙把水滴擦乾，再乾燥。

Q：為什麼肥皂表面會有咖啡色的斑點？
A：當肥皂酸敗時，表面除了會出現咖啡色的斑點，也會散發出一股油耗味。只要把斑點去掉還是可以使用。如果很介意，可拿來當作洗淨、清潔用途的肥皂。

Q：手工皂的保存期限是多久？
A：平均可保存1年左右，依照存放環境的溫度、濕度不同，會有少許差異。如果不打算立刻使用，要密封起來，存放於陰涼處。

Q：要如何知道做好的肥皂是否可以使用呢？
A：一般來說只要材料計量精準、有按照步驟打皂，並且經過1個月的乾燥與熟成，做出來的肥皂使用上幾乎沒有問題。倘若不放心，可讓肥皂起泡後，沾一點泡沫在手臂內側，1～2分鐘後觀察皮膚是否有特殊反應，如無即可安心使用。或者也可以用PH酸鹼試紙測試，如果測出的酸鹼值介於PH8～10，代表可以開始使用。

ANOTHER SOAP

Nous
sommes
mariés

vous invite à partager la joie
quand ils échangent mariage
maintenant et commencer leur
nouvelle vie ensemble.

RSVP

生活機能
手工皂

用各種對皮膚健康有益的天然材料，
做成了符合不同用途的機能性手工皂。
雖然沒有華麗的外觀，
但具有獨一無二的魅力。

素有森林奶油之稱的酪梨，
含有豐富的維他命、礦物質、
蛋白質與卵磷脂等營養成分，
有助於提供肌膚養分。

酪梨小麥草皂

🧺 適合肌膚類型

孩童
敏感性肌膚

🧺 材料

[基底油]
共 750 公克
椰油 100 公克、棕櫚油 100 公克、酪梨油 550 公克

[精油]
橘子精油 10 毫升

[氫氧化鈉水溶液]
氫氧化鈉 102.5 公克（減鹼 3％）、精製水 247 公克

[添加物]
小麥草粉 10 公克、維他命 E 5 公克

Step 1. 「將油和氫氧化鈉水溶液攪拌均勻」，參照P.29共通基本步驟的攪拌皂液說明。

Step 2. 加入添加物，將皂液倒入皂模。

1.計量好粉末，和油一起攪拌均勻（參照 P.31）。

2.將1.倒入皂液中，攪拌均勻。

下頁還有步驟 →

3. 加入維他命E拌勻。

4. 將3.的皂液倒入皂模。

5. 將皂模整個拿起來，在底部輕輕敲打3～4次，讓裡面的空氣排出，皂液表面與皂模周圍稍微整理即完成。

Step 3. 「最後階段」，參照P.30共通基本步驟的說明。

○ **Making Note** ○

・做好的成品質地可能比較軟，因此保溫過程結束後，可再多放置3～4天後再脫模，取出乾燥。

・只要變化一些材料，就能做成橄欖油馬賽皂，做法都一樣喔！配方如右：

■ 材料

椰油100公克

棕櫚油100公克

橄欖油550公克

氫氧化鈉103公克（減鹼3％）

精製水247公克

杏仁含有豐富的維他命，

可美白肌膚並增加彈性。

蜂蜜則具有殺菌效果，

可減緩皮膚發炎，鎮定問題肌膚，

讓乾燥、粗糙的肌膚變得水嫩、光滑。

這款蜂蜜杏仁皂
做法在下一頁

②

生活機能手工皂

蜂蜜杏仁皂

🐾 適合肌膚類型

乾性肌膚
預防老化

🐾 材料

[基底油]

共 750 公克
椰油 170 公克、棕櫚油 170 公克、橄欖油 110 公克、杏仁
油 120 公克、米糠油 100 公克、蓖麻油 50 公克、葡萄籽
油 30 公克

[精油]

廣藿香 5 毫升、甜橙 15 毫升

[氫氧化鈉水溶液]

氫氧化鈉 107 公克（減鹼 3%）、精製水 247 公克

[添加物]

杏仁粉 10 公克、甜椒粉 5 公克、蜂蜜 20 公克

Step 1. 「將油和氫氧化鈉水溶液攪拌均勻」，參照P.29共通基本步驟的攪拌皂液說明。

Step 2. 加入添加物，將皂液倒入皂模。

1.計量好粉末，和油一起攪拌均勻（參照
P.31）。準備好蜂蜜用量。

2. 將蜂蜜倒入皂液裡攪拌均勻。

3. 皂液分成2等分，分別加入1. 的杏仁粉、甜椒粉攪拌均勻。

4. 先將甜椒粉皂液倒入皂模。

5. 再倒入杏仁粉皂液。

6. 用湯匙在表面做些花樣。

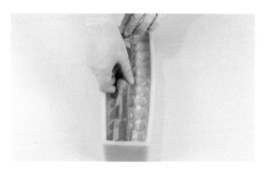

7. 最後放入事先做好的圓柱狀手工皂（可參照P.32）。

Step 3. 「最後階段」，參照P.30共通基本步驟的說明。

大功告成!!

⌒ **Making Note** ⌒

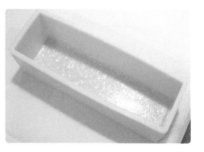

除了用湯匙畫出花樣，將氣泡紙蓋在皂模上也有同樣的效果。

以乳油木果油製成的手工皂，
泡沫豐富且細緻，使用觸感佳。
可可與乳油木果油優越的保濕力，
有助於保護乾燥且敏感的肌膚，
能常保肌膚維持水嫩狀態。

可可脂乳油木果皂

🔸 適合肌膚類型

乾性肌膚
敏感性肌膚

🔸 材料

[基底油]
共 750 公克
椰油 180 公克、棕櫚油 170 公克、橄欖油 100 公克、蓖麻
油 50 公克、葡萄籽油 40 公克、乳油木果油 210 公克

[精油]
薰衣草 20 毫升

[氫氧化鈉水溶液]
氫氧化鈉 104.2 公克（減鹼 3%）、精製水 247 公克

[添加物]
可可粉 15 公克

Step 1. 「將油和氫氧化鈉水溶液攪拌均勻」，參照P.29共通基本步驟的攪拌皂液說明。

Step 2. 加入添加物，將皂液倒入皂模。

1.計量好粉末用量，和油一起攪拌均勻（參
照P.31）。

2.將1.倒入皂液裡攪拌均勻。

下頁還有步驟
➡

3. 將**2.**皂液倒入皂模，將皂模整個拿起來，在底部輕輕敲打3～4次，將空氣排出。

4. 用湯匙在皂液表面刮畫出立體線條即完成。

Step 3. 「最後階段」，參照P.30共通基本步驟的說明。

大功告成!!

⟜ **Making Note** ⟜

利用湯匙背面，就可輕鬆整理皂液表面。

鹽與竹炭具有去除肌膚老廢物質的功效；
五穀有助於整頓角質；
來自喜馬拉雅山的玫瑰鹽
最適合按摩。
這款手工皂泡沫豐富，
用完觸感極佳，臉部、全身都能使用。

這款竹炭玫瑰鹽皂
做法在下一頁

生活機能手工皂

竹炭玫瑰鹽皂

🐾 材料

[基底油]
共 750 公克
椰油 200 公克、棕櫚油 200 公克、橄欖油 100 公克、米糠油 100 公克、蓖麻油 50 公克、向日葵籽油 60 公克、葡萄籽油 40 公克

[精油]
茶樹 10 毫升、薰衣草 5 毫升、檸檬 5 毫升

[氫氧化鈉水溶液]
氫氧化鈉 109 公克（減鹼 3%）、精製水 247 公克

[添加物]
竹炭粉 5 公克、綠泥 7 公克、喜馬拉雅山玫瑰鹽（細顆粒）10 ～ 15 公克、喜馬拉雅玫瑰鹽（粗顆粒）少許

Step 1. 「將油和氫氧化鈉水溶液攪拌均勻」，參照P.29共通基本步驟的攪拌皂液說明。

Step 2. 加入添加物，將皂液倒入皂模。

1.計量好玫瑰鹽用量。綠泥和竹炭粉分別加入油攪拌均勻（參照P.31）。

2. 皂液分成2等分，加入玫瑰鹽攪拌均勻。

3. 2份皂液分別加入1.的綠泥和竹炭粉攪拌均勻。

4. 綠泥皂液倒入方塊皂模，至半滿程度。

5. 接著倒入竹炭粉皂液。

6. 插上吸管以利製作孔洞，最後撒上粗顆粒玫瑰鹽。

○ Making Note ○

若使用一般粗鹽，在保溫過程中，鹽會遇熱融化，使用喜馬拉雅山玫瑰鹽就能避免這種情況發生。

7. 待皂液凝固後，用夾子或鉗子拔出吸管，穿上繩子，就成了便利實用的手工皂。

Step 3. 「最後階段」，參照P.30共通基本步驟的說明。

綠茶可以讓肌膚變得明亮，
魚腥草則具有抗菌效果。
這是一款能夠緩和肌膚問題，
並且具有鎮定效果的手工皂。

⑤

生活機能手工皂

綠茶魚腥草皂

🦶 **適合肌膚類型**

油性肌膚
痘痘肌膚

🐝 **材料**

[基底油]
共 750 公克
椰油 200 公克、棕櫚油 190 公克、魚腥草浸泡油（向日葵籽油）100 公克、橄欖油 100 公克、綠茶籽油 60 公克、蓖麻油 50 公克、葡萄籽油 50 公克

[精油]
茶樹 10 毫升、薰衣草 10 毫升

[氫氧化鈉水溶液]
氫氧化鈉 108 公克（減鹼 3%）、精製水 147 公克、綠茶水 100 公克

[添加物]
魚腥草粉 10 公克、綠茶粉 10 公克

[其他]
乾燥綠茶葉

Step 1. 「將油和氫氧化鈉水溶液攪拌均勻」，參照 P.29 共通基本步驟的攪拌皂液說明。

Step 2. 加入添加物，將皂液倒入皂模。

1. 計量好粉末用量，和油一起攪拌均勻（參照 P.31）。

2. 皂液分成 2 等分，加入 1. 攪拌均勻。

下頁還有步驟 →

Part1 (51)

3. 將皂液緩緩倒入皂模。

4. 輪流各舀一匙皂液入皂模，如圖至滿。

5. 以湯匙背面，在皂液表面畫出立體波紋。

6. 撒上乾燥綠茶葉即完成。

Step 3. 「最後階段」，參照P.30
共通基本步驟的說明。 大功告成!!

○ **Making Note** ○

製作此款手工皂的精製水加了一些綠茶水。方法很簡單，
將身邊唾手可得的綠茶茶包煮過後，再與精製水混合即可
使用。

金盞花是化妝品與手工皂常見的材料，
所含的豐富皂素與黃酮類化合物成分，
有治療傷口、幫助皮膚再生、
抗菌與抗發炎的效果，對敏感性肌膚、
受傷的肌膚有不錯的效果。
此款手工皂是以金盞花浸泡油
當作基底油製成。

這款金盞花皂
做法在下一頁

❻

生活機能手工皂

金盞花皂

🌿 適合肌膚類型

敏感性肌膚

🌿 材料

[基底油]
共 750 公克
椰油 170 公克、棕櫚油 160 公克、金盞花浸泡油 170 公克、
米糠油 100 公克、蓖麻油 50 公克、小麥胚芽油 50 公克、
月見草油 50 公克

[精油]
薰衣草 10 毫升、橘子 10 毫升

[氫氧化鈉水溶液]
氫氧化鈉 107 公克（減鹼 3%）、精製水 247 公克

[添加物]
金盞花粉 15 公克

[其他]
乾燥金盞花

Step 1. 「將油和氫氧化鈉水溶液攪拌均勻」，參照 P.29 共通基本步驟的攪拌皂液說明。

Step 2. 加入添加物，將皂液倒入皂模。

1. 計量好粉末用量，和油一起攪拌均勻（參照 P.31）。

2. 將 1. 倒入皂液攪拌均勻。

3. 加入乾燥金盞花攪拌均勻。

4. 將皂液倒入皂模即完成。

Step 3. 「最後階段」，參照P.30共通基本步驟的說明。 大功告成!!

○ Making Note ○

金盞花在油裡浸泡約2～3星期，除了可拿來當基底油，也能做超脂用途。將玻璃瓶洗淨晾乾，放入
金盞花與油，置於陽光充足的地方2～3星期，就能萃取出金盞花的有效成分。完成後取出金盞花，
浸泡油要放於冰箱冷藏。

優格的乳酸成分，有軟化肌膚角質的功效，

豐富的胡蘿蔔素和維他命成分，則可以讓肌膚維持水嫩細緻。

優格皂

🐾 適合肌膚類型

乾性肌膚

🐾 材料

[基底油]
共 750 公克
椰油 180 公克、棕櫚油 100 公克、紅棕櫚油 70 公克、橄欖油 150 公克、向日葵籽油 100 公克、葡萄籽油 50 公克、杏仁油 50 公克、乳油木果油 50 公克

[精油]
廣藿香 5 毫升、橘子 10 毫升、葡萄柚 5 毫升

[氫氧化鈉水溶液]
氫氧化鈉 107.7 公克（減鹼 3%）、精製水 247 公克

[添加物]
優格 30 公克、蜂蜜 10 公克、甜椒粉 5 公克

Step 1. 「將油和氫氧化鈉水溶液攪拌均勻」，參照P.29共通基本步驟的攪拌皂液說明。

Step 2. 加入添加物，將皂液倒入皂模。

1. 備好所需優格、蜂蜜分量。

2. 皂液分成2等分，分別加入1.攪拌均勻。

下頁還有步驟→

3. 將**2.**的蜂蜜皂液，再加入甜椒粉油（參照 P.31）攪拌均勻。

4. 蜂蜜甜椒皂液倒入皂模。

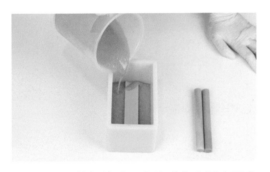

5. 放入事先做好的手工皂塊（此步驟也可省 略不做）。

6. 倒入優格皂液，至完全蓋住手工皂塊的程 度。

○─ **Making Note** ─○

優格皂裡的手工皂塊最好在2～3天前就做 好。

7. 以湯匙在皂液表面畫出波浪紋路即完成。

Step 3. 「最後階段」，參照P.30共通基本 步驟的說明。 大功告成*!!*

蛋白所含的豐富蛋白質，

可幫助清除肌膚老廢物質與皮脂，

增加皮膚彈性。

蛋黃則含許多養分，有助於肌膚保濕。

這款手工皂同時使用了蛋白與蛋黃，

清理、保濕一次滿足。

這款雞蛋皂
做法在下一頁

(8)

生活機能手工皂

雞蛋皂

🦵 **適合肌膚類型**

乾性肌膚
敏感性肌膚

🦵 **材料**

[基底油]
共 750 公克
椰油 190 公克、棕櫚油 150 公克、橄欖油 150 公克、蓖麻
油 50 公克、葡萄籽油 50 公克、向日葵籽油 50 公克、玫
瑰果油 50 公克、紅花籽油 60 公克

[精油]
檸檬 10 毫升、薰衣草 10 毫升

[氫氧化鈉水溶液]
氫氧化鈉 108 公克（減鹼 3%）、精製水 247 公克

[添加物]
雞蛋 1 個

Step 1. 「將油和氫氧化鈉水溶液攪拌均勻」，參照P.29共通基本步驟的攪拌皂液說明。

Step 2. 加入添加物，將皂液倒入皂模。

1. 打一顆蛋，將蛋黃與蛋白分開。

2. 以均質機將蛋白、蛋黃分別打散。

3. 將皂液分成2等分，分別加入蛋白、蛋黃後攪拌。

4. 蛋液跟皂液有可能無法充分混合，需以均質機仔細打勻。

5. 將蛋黃皂液倒入皂模裡。

6. 接著倒入蛋白皂液。

7. 將皂液表面攤平、整理後即完成。圖中的小手工皂塊可省略不做。

Step 3. 「最後階段」，參照P.30共通基本步驟的說明。 大功告成!!

○ Making Note ○

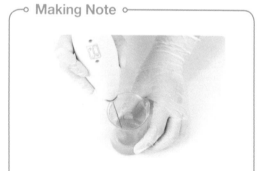

雞蛋分成蛋白與蛋黃後，以均質機充分攪拌後再加入皂液裡，才不容易結塊。

山羊奶所含的 α-羥基酸（AHA）成分能軟化角質，
豐富的泡沫能有效滋潤乾燥肌膚。
這款手工皂要注意的地方是，
氫氧化鈉水溶液會加入山羊奶，加的時候要放慢速度。

⑨

生活機能手工皂

山羊奶皂

<table>
<tr><td>

🦴 適合肌膚類型

乾性肌膚
敏感性肌膚

</td><td>

🦴 材料

[基底油]
共 750 公克
椰油 130 公克、棕櫚油 120 公克、橄欖油 200 公克、向日
葵籽油 100 公克、乳油木果油 100 公克、黃花籽油 50 公克、
葡萄籽油 50 公克

[精油]
羅勒 5 毫升、薰衣草 10 毫升、檸檬 5 毫升

[氫氧化鈉水溶液]
氫氧化鈉 105 公克（減鹼 3%）、山羊奶 247 公克

[添加物]
卡拉明 15 公克、葡萄柚籽萃取物 4 公克

</td></tr>
</table>

Step 1. 先製作透明內皂

1. MP皂（即透明皂或融化再製皂）切小塊備
   用。

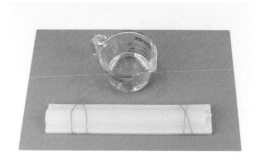

2. 利用微波爐或電磁爐將MP皂融化。

下頁還有步驟 →

3. 皂液倒入皂模，待1～2小時凝固後取出。

製作山羊奶氫氧化鈉溶液，再攪拌皂液。

1. 取所需分量的山羊奶放在容器裡。

2. 加入氫氧化鈉攪拌至完全溶解。

3. 氫氧化鈉和山羊奶融化後過篩，倒入油裡，以均質機攪拌皂液。

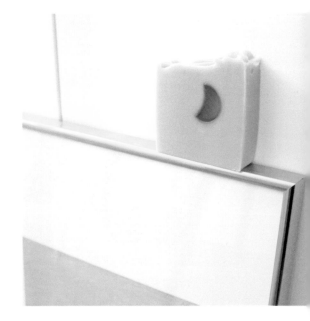

Step 3. 加入添加物，將皂液倒入皂模。

1. 計量所需添加物的分量，倒入油攪拌均勻（參照P.31）。

2. 將**1.** 加入皂液裡攪拌均勻，倒一半的量到皂模裡。

3. 將做好的MP透明皂放進皂模裡，再把剩下的皂液倒進去。

4. 利用叉子在皂液表面畫出紋路即完成。

Step 4. 「最後階段」，參照P.30共通基本步驟的說明。

大功告成！！

○─ **Making Note** ─○

山羊奶若以高溫加熱，蛋白質會被破壞而變質，所以在製作過程中要盡量維持較低的溫度。山羊奶皂的保存期限較短，所以刻意加入具有防腐效果的葡萄柚籽萃取物。山羊奶也可以用母乳替代。

小米酒做成的手工皂，泡沫豐富且細緻，使用起來觸感絲滑。

小米酒本身所含的蛋白質和維他命成分，

可以讓肌膚維持水嫩狀態，不同於前面介紹的手工皂。

這款手工皂的氫氧化鈉水溶液會加入小米酒，

倒入時要放慢速度。

⑩
生活機能手工皂

小米酒皂

👣 適合肌膚類型

乾性肌膚
敏感性肌膚

👣 材料

[基底油]
共 750 公克
椰油 160 公克、棕櫚油 150 公克、橄欖油 220 公克、向日
葵籽油 120 公克、蓖麻油 50 公克、葡萄籽油 50 公克

[精油]
雪松 5 毫升、薰衣草 15 毫升

[氫氧化鈉水溶液]
氫氧化鈉 106 公克（減鹼 3%）、煮沸的小米酒 247 公克

[添加物]
栗皮粉 7 公克、五穀粉 7 公克

[其他]
乾燥花

Step 1.　先製作小米酒氫氧化鈉水溶液，再攪拌皂液。

1. 計量好小米酒的用量，量需超出一些，然
後煮沸。

2. 把煮沸過酒精已經揮發殆盡的小米酒結
凍。

下頁還有步驟 →

3. 加入氫氧化鈉後攪拌至溶解。

4. 待氫氧化鈉和小米酒完全融化後過篩，倒入油裡，以均質機攪拌皂液。

○─ **Making Note** ─○

使用特殊材料製作手工皂時，需先讓材料的酒精成分全部揮發後，才能確保製作過程安全。雖然可以打開蓋子讓酒精自然揮發，不過更建議用煮沸的方式。小米酒也可以用葡萄酒或啤酒代替。

加入添加物，將皂液倒入皂模。

1. 計量好粉末用量，倒入油攪拌均勻（參照 P.31）。

2. 皂液分成2等分，分別加入1.（栗皮粉油、 五穀粉油）攪拌均勻。

3. 栗皮粉皂液倒入皂模，至半滿程度。

4. 接下來倒入五穀粉皂液。

5. 以叉子在皂液表面畫出波浪紋路。

6. 最後放上乾燥花裝飾即完成。

Step 3. 「最後階段」，參照P.30共通基本步驟的說明。 大功告成!!

基本花樣
手工皂

手工皂的基礎設計有分層、漸層、暈染、雲石紋、
表面整理法等技巧。
初學者先不要心急，剛開始不妨少量嘗試，
先從簡單的圖案練習，熟練後再增量製作。

分層是手工皂設計的最基本技巧，

大部分的設計也是從分層技巧的應用而來。

這款手工皂使用了兩個分層，

中間還加入線條，大家可依樣畫葫蘆試試。

天然雙色皂

🔸 材料

[基底油] 2 號配方
共 375 公克
椰油 95 公克、棕櫚油 85 公克、橄欖油 75 公克、米糠油 60 公克、
杏仁油 25 公克、蓖麻油 20 公克、乳油木果油 15 公克

[精油]
花梨木 5 毫升、羅勒 5 毫升

[氫氧化鈉水溶液]
氫氧化鈉 55 公克（減鹼 3%）、精製水 124 公克

[添加物]
小麥草粉、可可粉、竹炭粉

Step 1. 「將油和氫氧化鈉水溶液攪拌均勻」，參照P.29共通基本步驟的攪拌皂液說明。

Step 2. 加入添加物，將皂液倒進皂模裡。

1. 皂液分成2等分，其中1份加入可可粉攪拌（參照P.31），完成後倒入皂模至半滿程度。

2. 皂模的下方鋪1張紙，準備一個網眼較小的篩網。

下頁還有步驟 →

3. 將竹炭粉倒在篩網上，然後輕輕篩撒在皂液表面。

4. 將皂模邊緣上的竹炭粉清乾淨。

5. 將剩下的皂液加小麥草粉（參照P.31）攪拌。

6. 以湯匙或杓子將皂液舀起來，平攤在另一層皂液上。

7. 最後整理皂液表面即完成。

Step 3. 「最後階段」，參照P.30共通基本步驟的說明。

大功告成!!

Making Note

● 想讓分層面更加光滑平坦，就必須以湯匙將皂液分數次舀入皂模。相反地，如果想做出凹凸不平、看起來自然的分層面，可用大杓子把皂液半舀半倒入皂模裡即可。

● 利用篩網撒粉末時，在皂模的下方鋪1張廢紙，有助於清理桌面。

● 來點小變化，還能做出斜向分層皂喔！

接下來要介紹的是漸層（Gradation）技巧，
可以做出很自然的顏色變化。
只要善加利用這個技巧，
就能完美呈現美麗的天空與大海的顏色。

這款藍天漸層皂
做法在下一頁

基本花樣手工皂→漸層技巧

藍天漸層皂

Step 1. 「將油和氫氧化鈉水溶液攪拌均勻」，參照P.29共通基本步驟的攪拌皂液説明。

Step 2. 加入添加物，將皂液倒入皂模。

1.將最淺色皂液調好後，取適量裝進小杯子裡。

2. 將皂模稍微墊高，將皂液順著皂模邊緣倒
進去。

3. 取適量剩下的淺色皂液，加入少許青黛粉攪拌。

4. 把攪拌好的皂液裝進小杯子裡，一樣順著皂模邊緣倒進去。

5. 依照想要的顏色深度，取適量剩下的淺色皂液，調好更深的皂液顏色，以此類推重複3.和4.的步驟。

6. 當皂模裡的皂液達2/3以上滿時，把皂模擺正，再重複上面的步驟，直到填滿皂模。

○ **Making Note** ○

顏色要緩緩改變，這樣漸層效果才會自然，顏色不要一次加太深，反覆的次數越多，做出來的成品效果越自然。

7. 皂模和皂液表面整理乾淨即完成。

 「最後階段」，參照P.30共通基本步驟的說明。

利用湯匙，就能簡單做出自然效果的大理石皂。

做好大理石紋路後，以刮片從皂液表面刮過去，

接著再上一層皂液，

分層面的界線可以做成任何想要的造型。

③

基本花樣手工皂→波浪＋湯匙大理石技巧

繽紛大理石皂

🌰 **材 料**

[基底油] 2 號配方

共 375 公克
椰油 95 公克、棕櫚油 85 公克、橄欖油 75 公克、米糠油 60 公克、
杏仁油 25 公克、蓖麻油 20 公克、乳油木果油 15 公克

[精油]
薰衣草 8 毫升、廣藿香 2 毫升

[氫氧化鈉水溶液]
氫氧化鈉 55 公克（減鹼 3%）、精製水 124 公克

[添加物]
各種色粉（Color Oxide）、青黛粉

Step 1. 「將油和氫氧化鈉水溶液攪拌均勻」，參照 P.29 共通基本步驟的攪拌皂液說明。

Step 2. 加入添加物，將皂液倒進皂模裡。

1. 將皂液分成數等分，分別加入添加物攪拌
（參照 P.31），調出想要的顏色。

2. 調好各種顏色的皂液後，以湯匙將皂液舀
進皂模裡。

下頁還有步驟→

3. 將皂模裡的皂液稍微攪拌一下，但不要攪拌過頭，否則大理石紋路會不明顯。

4. 利用造型塑膠片或較厚的紙板做出界線效果。

5. 利用波浪片從頭往另一邊慢慢刮到底，做出立體波浪造型。

6. 刮到底後，將多餘皂液清出，然後表面稍微整理。

7. 再次倒入皂液，此時要小心，不可破壞立體波浪結構。

8. 倒完皂液後，表面稍微整理即完成。

Step 3. 「最後階段」，參照P.30共通基本步驟的說明。

大功告成!!

○ Making Note ○

● 想做出分層之間的交界效果，可先在塑膠片或厚紙板畫出想要的齒紋，再依照皂模寬度裁剪即可使用。

● 裁剪塑膠片或厚紙板時，兩邊可預留一些寬度，這樣就能掛在皂模邊緣操作，畫出一致的紋路。

宛如斑馬身上的紋路，所以又叫斑馬大理石技巧。

這個技巧的要領是在倒入皂液時，

必須格外小心，才能維持斑馬線條。

這款斑馬大理石皂
做法在下一頁

基本花樣手工皂→斑馬大理石技巧

斑馬大理石皂

🌰 **材料**

[基底油] 1 號配方

共 375 公克
椰油 85 公克、棕櫚油 80 公克、橄欖油 75 公克、向日葵籽油 50
公克、葡萄籽油 25 公克、杏仁油 60 公克

[精油]
薰衣草 8 毫升、廣藿香 2 毫升

[氫氧化鈉水溶液]
氫氧化鈉 55 公克（減鹼 3%）、精製水 124 公克

[添加物]
栗皮粉、南瓜粉、二氧化鈦

Step 1.「將油和氫氧化鈉水溶液攪拌均勻」，參照P.29共通基本步驟的攪拌皂液說明。

Step 2. 加入添加物，將皂液倒入皂模。

1. 將皂液分成數等分，分別加入添加物攪拌
（參照P.31）。

2. 將皂液沿著皂模邊緣慢慢倒入。

3. 輪流倒入每種顏色的皂液，小心操作，避免顏色融在一起。

4. 最後將皂模邊緣清理乾淨即完成。

Step 3. 「最後階段」，參照P.30共通基本步驟的說明。

大功告成!!

─○ Making Note ○──────────────

　一邊想像欲調成的顏色，一邊加入添加物。若顏色對比強烈，成品色紋會比較明顯。如使用同色系顏色，便能做出視覺效果柔和的手工皂。

接下來要介紹「將皂液以滴落方式倒入皂模」的技巧，

尤其手工皂設計花樣時，

這個技巧很能派上用場，相當實用。

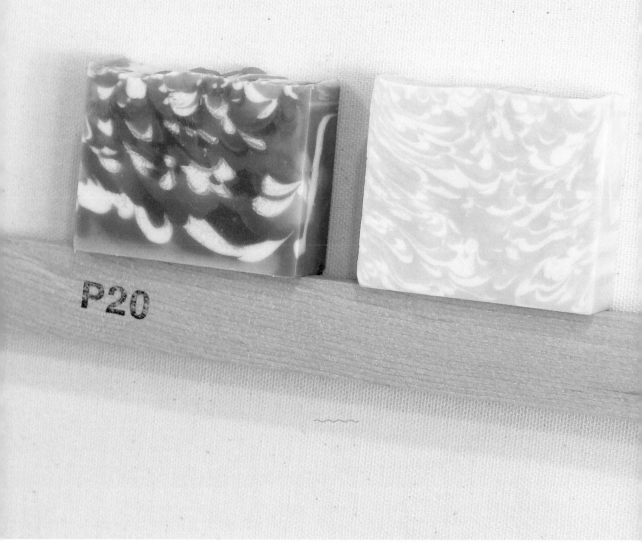

P20

基本花樣手工皂→水滴大理石技巧

水滴大理石皂

🍂 **材 料**

[基底油] 1 號配方
共 375 公克
椰油 85 公克、棕櫚油 80 公克、橄欖油 75 公克、向日葵籽油 50
公克、葡萄籽油 25 公克、杏仁油 60 公克

[精油]
薰衣草 8 毫升、廣藿香 2 毫升

[氫氧化鈉水溶液]
氫氧化鈉 55 公克（減鹼 3%）、精製水 124 公克

[添加物]
二氧化鈦、藍色色粉、粉紅色色粉

Step 1. 「將油和氫氧化鈉水溶液攪拌均勻」，參照P.29共通基本步驟的攪拌皂液說明。

Step 2. 加入添加物，將皂液倒進皂模裡。

1. 將皂液分成數等分，分別加入添加物攪拌
（參照P.31），調出想要的顏色。

2. 以皂模長邊為基準，將皂液以滴落的方
式，左右來回滴入。

下頁還有步驟 →

3. 重複同樣的做法,將不同顏色皂液滴入。

4. 最後將皂模邊緣清理乾淨即完成。

Step 3. 「最後階段」,參照P.30共通基本步驟的說明。 大功告成!!

○ **Making Note** ○

● 使用水滴大理石技巧時,由於皂液容易噴濺,建議在皂模底下鋪一張報紙或塑膠墊,以利後續整理。

● 皂模越大,除了易於施做,成品皂的效果也會更漂亮。

以羽毛大理石技巧做出的手工皂，

能呈現宛如鳥羽毛般的淡紋路。

隨著顏色組合的不同，

有些看起來像軟綿綿的雲朵或微風，

有些如同大海與波浪。

這款自然樹葉紋皂
做法在下一頁

6

基本花樣手工皂→羽毛大理石技巧

自然樹葉紋皂

🧴 **材 料**

[基底油] 1 號配方
共 375 公克
椰油 85 公克、棕櫚油 80 公克、橄欖油 75 公克、向日葵籽油 50
公克、葡萄籽油 25 公克、杏仁油 60 公克

[精油]
檸檬 8 毫升、山蒼樹 2 毫升

[氫氧化鈉水溶液]
氫氧化鈉 55 公克（減鹼 3%）、精製水 124 公克

[添加物]
各種顏色的色粉

Step 1. 「將油和氫氧化鈉水溶液攪拌均勻」，參照P.29共通基本步驟的攪拌皂液説明。

Step 2. 加入添加物，將皂液倒入皂模。

1. 依照所需顏色，將皂液分成數等分，加入
   色粉攪拌（參照P.31）。

2. 準備紙杯，每個紙杯裡至少混入2種以上顏
   色的皂液。注意不要讓顏色融在一起，盡
   可能維持大理石紋路。

3. 將紙杯邊緣捏成尖口。

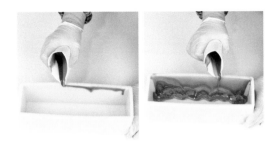

4. 紙杯沿著皂模邊緣來回往下倒，直到把皂液倒完。

5. 接下來以2～3公分的間隔左右來回倒，直到把皂液倒完。

6. 以同樣的做法，但不同位置倒入皂液。一邊轉動皂模一邊倒入，成品的效果會更自然喔！

─○ Making Note ○─

來回倒入皂液至填滿皂模的程度，就能做出很自然的樹葉紋路手工皂。

7. 完成後不必整理皂模邊緣，因為在凝固前整理，可能會破壞大理石紋路。

Step 3. 「最後階段」，參照P.30共通基本步驟的說明。

大功告成!!

這款馬賽克皂，由大小不等的小方塊組成，
使人聯想到小石頭跟玻璃碎片的組合。
這個技巧能簡單呈現出風景或圖畫，活用度相當高。

基本花樣手工皂→馬賽克技巧

馬賽克皂

🧺 材料

[基底油] 2 號配方

共 375 公克
椰油 95 公克、棕櫚油 85 公克、橄欖油 75 公克、米糠油 60 公克、
杏仁油 25 公克、蓖麻油 20 公克、乳油木果油 15 公克

[精油]

茶樹 8 毫升、雪松 2 毫升

[氫氧化鈉水溶液]

氫氧化鈉 55 公克（減鹼 3%）、精緻水 124 公克

[添加物]

粉紅色黏土、竹炭粉、辣木粉、二氧化鈦

Step 1. 「將油和氫氧化鈉水溶液攪拌均勻」，參照P.29共通基本步驟的攪拌皂液說明。

Step 2. 加入添加物，將皂液倒進皂模裡。

1. 皂液分成數份，加入添加物攪拌（參照 P.31）。白色皂液比其他顏色皂液多準備2倍的量。

2. 利用小湯匙或茶匙，把每種顏色皂液舀一點進皂模。相鄰的皂液顏色最好都不一樣，這樣效果會更好。

下頁還有步驟 →

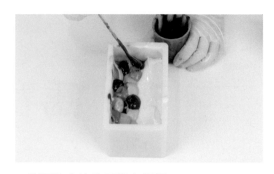

3. 將白色皂液舀進皂模另一邊。因為我想呈
   現出較多的白色部分，此步驟可依各人喜
   好增減。

4. 剩下的皂液也舀進皂模裡。

5. 將皂模整個拿起來，在底部輕輕敲打3～4
   次，讓裡面的空氣排出即完成。

○ **Making Note** ○

· 皂液顏色種類越多，顏色重複率就越
  低，效果越好。

· 皂液全部舀進皂模裡後，把皂模整個拿
  起來，在底部輕輕敲打3～4次，就能填
  滿所有的小空隙。

Step 3. 「最後階段」，參照P.30共通基本步驟的説明。

這裡要介紹的小磚塊（水磨石）技巧是常見的建築工法，

主要用於地板與牆壁裝修的施作。

將各種小石子拌入水泥之中凝固，就能做成仿天然石磚的感覺，

現在則應用到手工皂的設計。

不同的背景色搭配磚塊花色，輕鬆呈現截然不同的氛圍。

基本花樣手工皂→小磚塊技巧

花花小磚塊皂

> 🍡 **材料**
>
> [基底油] 2 號配方
> 共 375 公克
> 椰油 95 公克、棕櫚油 85 公克、橄欖油 75 公克、米糠油 60 公克、
> 杏仁油 25 公克、蓖麻油 20 公克、乳油木果油 15 公克
>
> [精油]
> 檸檬 8 毫升、廣藿香 2 毫升
>
> [氫氧化鈉水溶液]
> 氫氧化鈉 55 公克（減鹼 3％）、精製水 124 公克
>
> [添加物]
> 竹炭粉、甜椒粉、二氧化鈦

Step 1.「將油和氫氧化鈉水溶液攪拌均勻」，參照P.29共通基本步驟的攪拌皂液說明。

Step 2. 加入添加物，將皂液倒進皂模裡。

1. 將手工皂切成小丁，當作碎石子。

2. 我用甜椒粉和竹炭粉做出3種色調的肥皂丁。背景色的皂液加入少許竹炭粉，調成灰色（參照P.31）。

3. 將肥皂丁拌入背景色皂液裡攪拌，肥皂丁 的顏色越多，越能呈現出五顏六色。

4. 肥皂丁攪拌均勻後，倒入皂模裡。

5. 注意不要讓肥皂丁集中在某一區塊，要能 均勻分布。

6. 將皂模整個拿起來，在底部輕輕敲打3～4 次將空氣排出。

Step 3. 「最後階段」，參照P.30共通基本步驟的說明。 大功告成!!

○ Making Note ○

完成後把皂模整個拿起來，在底部輕輕敲打3～4次，就能讓皂液裡的空氣排出。

接下來介紹用分隔板做出雙色手工皂的技巧，

這款花樣除了雙色，

還搭配了一點點大理石的技巧。

基本花樣手工皂→雙色技巧

大理石雙色皂

🧼 材料

[基底油] 1 號配方
共 375 公克
椰油 85 公克、棕櫚油 80 公克、橄欖油 75 公克、向日葵籽油 50
公克、葡萄籽油 25 公克、杏仁油 60 公克

[精油]
薰衣草 10 毫升

[氫氧化鈉水溶液]
氫氧化鈉 55 公克（減鹼 3%）、精製水 124 公克

[添加物]
黃土粉、青黛粉

Step 1. 「將油和氫氧化鈉水溶液攪拌均勻」，參照P.29共通基本步驟的攪拌皂液說明。

Step 2. 加入添加物，將皂液倒進皂模裡。

1. 皂液分做2等分，分別加入添加物攪拌（參照P.31）。

2. 皂模中間插一片隔板，然後把皂液倒入。

下頁還有步驟

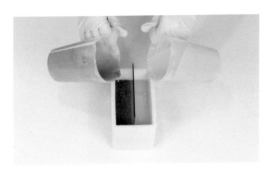

3. 倒入皂液的過程中，盡可能讓兩邊的速度維持一致，這樣中間的隔板才不會倒塌，倒入的量也能一致。

4. 倒完皂液後，快速將隔板垂直抽出。

5. 準備一根比皂模深且長的竹籤。

6. 將竹籤插入至皂液底部後，左右移動，製造出大理石紋路。

 **Making Note**

隔板可自己動手做，將壓克力板裁成所需大小，就能長久使用。如果沒有壓克力板，可以用塑膠片或厚紙片代替。

7. 將皂模稍微整理後即完成

Step 3. 「最後階段」，參照P.30共通基本步驟的說明。

大功告成!!

在手工皂上做幾個小孔，

再用其他顏色的皂液填滿，

就能做出俏皮圓點設計風格的手工皂。

這款俏皮圓點點皂
做法在下一頁

基本花樣手工皂→圓點技巧

俏皮圓點點皂

🌰 材 料

[基底油] 1 號配方（參照 P.155）
共 375 公克
椰油 85 公克、棕櫚油 80 公克、橄欖油 75 公克、向日葵籽油 50
公克、葡萄籽油 25 公克、杏仁油 60 公克

[精油]
薰衣草 6 毫升、雪松 4 毫升

[氫氧化鈉水溶液]
氫氧化鈉 55 公克（減鹼 3%）、精製水 124 公克

[添加物]
竹炭粉、二氧化鈦

Step 1. 「將油和氫氧化鈉水溶液攪拌均勻」，參照P.29共通基本步驟的攪拌皂液說明。

Step 2. 加入添加物，將皂液倒入皂模。

1. 先做手工皂的背景色。我以白色為背景色
（將二氧化鈦先溶於水，再加入皂液調成
白色）。

2. 將皂液倒入皂模至全滿程度。

3. 依照皂模高度，將波霸吸管裁剪成適當的長度。

4. 將吸管以適當間距插入皂模裡。

 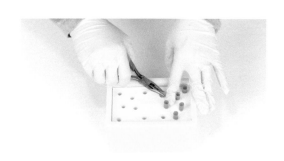

5. 插完吸管後，輕輕拍打皂模底部，讓皂液表面平整光滑，再保溫。

6. 待皂液凝固後，將吸管取出。

7. 以其他顏色皂液將孔洞填滿，此處以竹炭色製作（參照P.31）。

8. 完成後再保溫一天即可。

Step 3. 「最後階段」，參照P.30共通基本步驟的說明。

大功告成!!

┌─ Making Note ─────────────

● 做完5.步驟後，進行第一次24小時的保溫，完成8.步驟後，再進行第二次24小時保溫。

● 這裡我利用容易取得的波霸吸管來製造孔洞，相當方便。

● 切皂時，不是做剖面直切，而是橫切。

PART

03

應用圖案
手工皂

接下來要應用前面介紹過的技巧，

做出更多圖案變化的畫皂，

像是分層混搭大理石紋，嵌入事先做好的技巧等等。

當你能做出自己構思圖案的手工皂時，

一定會對手工皂更感興趣。

同樣的技巧，卻能因人而異變化出各種設計，

正是手工皂DIY的魅力之一。

SPECIAL 畫皂必備基本功

皂液黏度 皂液的黏度會影響手工皂要呈現的設計感，因此手工皂設計最重要的莫過於皂液黏度。皂液的黏度等級可以用痕跡（Trace）的程度區分，一般來說，最易操作的黏度等級是2，書中若無特別說明，大家以等級2操作即可。

●皂液黏度等級0

皂液狀態最稀，幾乎不會產生痕跡。

●皂液黏度等級1

雖然會產生痕跡，但是不明顯，而且很快就會消失。

●皂液黏度等級2

會產生明顯痕跡，用於做出光滑的表面。

●皂液黏度等級3

拿起刮刀時，皂液會汩汩往下流，並擠在一個地方，是常用於設計類手工皂的黏度。

●皂液黏度等級4

皂液往一個方向刮，能夠維持整團狀態，適合用來塑型。

●皂液黏度等級5

這個程度的皂液難以再攪拌，將皂液堆成小山，也不會倒塌。適合裝進擠花袋裡擠造型。

利用報春的櫻花漫開之姿，來描寫春天風景。

只要改變櫻花的顏色，就能演繹不同的感覺，創造另一種風景。

這款櫻花天空
做法在下一頁

應用圖案手工皂

櫻花天空

<table>
<tr><td>

🌸 材料

[基底油] 2 號配方（參照 P.155）
共 750 公克

[精油]
花梨木 10 毫升、羅勒 10 毫升

[氫氧化鈉水溶液]
氫氧化鈉 110 公克（減鹼 3%）、精
製水 232 公克

[添加物]
青黛粉、湯花、五穀粉、栗皮粉、卡
拉明、色粉

</td><td>

🌸 皂液分成數等分

大地：100 公克，栗皮粉、五穀粉（褐色）

山丘：100 公克，湯花（黃色）

山：150 公克，小麥草粉、色粉（深綠色）

天空：300 公克，青黛粉（藍色）

櫻花：400 公克，卡拉明 150 公克、色粉
150 公克、紅色色粉 50 公克、二氧化鈦
50 公克（粉紅色、淺粉紅色、深粉紅色）

樹枝：50 公克，栗皮粉（褐色）

太陽：事先做好備用

</td></tr>
</table>

Step 1. 「將油和氫氧化鈉水溶液攪拌均勻」，參照P.29共通基本步驟的攪拌皂液說明。

Step 2. 加入添加物，將皂液倒入皂模。

1. 將皂液分成數等分，分別加入大地、山
   丘、山的添加物攪拌（參照P.31）。

2. 將皂模斜擺，從底部角落開始填入大地顏
   色的皂液。

3. 將皂模擺正，倒入山丘顏色的皂液，完成　　4. 把山的皂液鋪在大地上面。
　　後將皂液均勻攤平。

5. 將皂液分成數等分，加入天空、櫻花的添　　6. 薄薄鋪上一層天空顏色的皂液。
　　加物攪拌（參照P.31）。

7. 把櫻花的皂液裝在紙杯裡，使用水滴大理　　8. 再次薄薄鋪上一層天空皂液。
　　石的技巧倒入皂液。

9. 找出太陽的位置，放入事先做好的圓形手工皂。

10. 再次薄薄鋪上一層天空皂液。

11. 再次倒入櫻花皂液。

12. 再次薄薄鋪上一層天空皂液。

13. 半邊鋪上一層厚厚的櫻花皂液。

14. 利用製作櫻花的手法，左右來回倒入樹枝皂液。

15. 再次重複**13.**、**14.**的步驟。因為我想做出漸層的效果，所以將櫻花皂液的顏色稍微調淡，再倒入。

16. 將剩下的櫻花皂液全部倒入即完成。

Step 3. 「最後階段」，參照P.30共通基本步驟的說明。

○ **Making Note** ○

這裡派上用場的是水滴大理石技巧，將皂液裝在紙杯裡，把紙杯邊緣捏成尖口，讓皂液以滴落方式倒入即可（可參照P.84）。

這款是以「在茫茫大海中航行的船隻」為設計主題。

如何將大海波濤洶湧的感覺生動地呈現，

是成功與否的關鍵，因此波浪是設計的重點。

船隻和月亮必須事先做好，最好在2～3天前能先完成。

應用圖案手工皂

波浪上的船隻

🌸 材 料

[基底油] 2 號配方（參照 P.155）
共 750 公克

[精油]
花梨木 5 毫升、茶樹 10 毫升、迷迭
香 5 毫升

[氫氧化鈉水溶液]
氫氧化鈉 110 公克（減鹼 3%）、精
製水 247 公克

[添加物]
青黛粉、竹炭粉、二氧化鈦

🌸 皂液分成數等分

天空：570 公克，二氧化鈦（白色）
雲：80 公克，竹炭粉（灰色）
大海：450 公克，青黛粉、竹炭粉、二氧
化鈦（藍色 5 號）
月亮：事先做好備用
船隻：事先做好備用

Step 1. 「將油和氫氧化鈉水溶液攪拌均勻」，參照P.29共通基本步驟的攪拌皂液說明。

Step 2. 加入添加物，將皂液倒入皂模。

1. 將大海皂液分成5等分，分別加入添加物攪
   拌（參照P.31），調出想要的顏色。

2. 在裝有皂液的杯子裡，各加一點其他顏色
   的皂液進去。

3. 取一支湯匙,將各種顏色的皂液都舀一點到皂模裡。為了呈現出波浪紋路,不要攪拌皂液,維持不同顏色層層疊疊的感覺。

4. 稍微整理皂液表面,注意不要讓皂液顏色完全混在一起。

5. 將事先做好的船隻手工皂放進適當的位置。

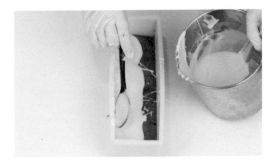

6. 將皂液調成想要的天空顏色,然後薄薄鋪上一層。

7. 決定好月亮的位置後,將事先做好的圓形手工皂放進去。

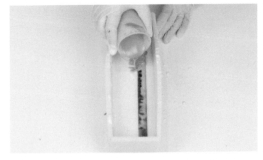

8. 調出想要的雲朵顏色皂液,薄薄鋪在月亮附近。

9. 再次鋪上天空皂液。

10. 在皂模一角再次鋪上薄薄的一層雲朵皂液。

Step 3. 「最後階段」，參照P.30共通基本步驟的說明。

大功告成!!

11. 將剩下的天空皂液全部倒入，最後整理皂液表面即完成。

○ Making Note ○

為了更完美呈現波浪的紋路，可使用3～4種相近顏色，再加上1種對比顏色，效果最佳。對比色能夠凸顯波浪紋路，看起來更加栩栩如生。

開滿金黃稻穗的原野，讓人聯想起秋天景致。

只要改變原野的顏色，就能呈現不同季節的面貌與風情。

應用圖案手工皂

秋天原野

::: 材料

[基底油] 2 號配方（參照 P.155）
共 750 公克

[精油]
花梨木 5 毫升、薰衣草 15 毫升

[氫氧化鈉水溶液]
氫氧化鈉 110 公克（減鹼 3%）、精
製水 247 公克

[添加物]
青黛粉、五穀粉、辣木粉、陳皮粉、
二氧化鈦

::: 皂液分成數等分

天空：350 公克，青黛粉（藍色）

雲朵：200 公克，二氧化鈦（白色）

原野：430 公克，陳皮粉、辣木粉、二氧
化鈦（黃色、深黃色、綠色、白色）

小路：120 公克，五穀粉（褐色）
太陽：事先做好備用

Step 1. 「將油和氫氧化鈉水溶液攪拌均勻」，參照 P.29 共通基本步驟的攪拌皂液說明。

Step 2. 加入添加物，將皂液倒入皂模。

1. 皂液分成數等分，分別加入添加物攪拌
（參照 P.31）。

2. 把用來呈現原野間小路的皂液裝進擠花
袋，在皂模中間擠出厚厚的一條（皂液黏
度等級 5，參照 P.106）。

3. 以湯匙或杓子背面為皂液塑型與整理。

4. 輪流倒入用來表現原野的4種皂液。使用水滴大理石技巧，反覆來回以滴落方式倒入（參照P.84）。

5. 倒入一半量的天空皂液（皂液黏度等級4，參照P.106）。

6. 放入事先做好的圓形太陽手工皂。

7. 倒入剩餘的皂液。

8. 將皂液表面整理至光滑。

9. 以湯匙將雲朵皂液舀進皂模裡即完成（皂液黏度等級5，參照P.106）。

Step 3. 「最後階段」，參照P.30 共通基本步驟的説明。

大功告成!!

○ Making Note ○

使用天然粉末的好處是顯色自然，但顏色會比較不明顯，而且乾燥後顏色會漸漸變淡。這時若能在天然粉末之中加上少量色粉，就能讓顏色更持久。

這款設計試著呈現下雪的冬天海景，

如何營造出白雪紛飛的景象，絕對是製作的重點。

應用圖案手工皂

下雪的大海

🌸 材 料

[基底油] 3 號配方（參照 P.155）
共 750 公克

[精油]
花梨木 5 毫升、薰衣草 15 毫升

[氫氧化鈉水溶液]
氫氧化鈉 110 公克（減鹼 3%）、精
製水 247 公克

[添加物]
青黛粉、五穀粉、二氧化鈦

🌸 皂液分成數等分

天空：350 公克，青黛粉（天空色 3 號）
大海：310 公克，青黛粉（藍色 3 號）
海邊 1：120 公克，二氧化鈦（白色）
海邊 2：100 公克，五穀粉（褐色）
島嶼：70 公克，二氧化鈦（白色）

Step 1. 「將油和氫氧化鈉水溶液攪拌均勻」，參照 P.29 共通基本步驟的攪拌皂液說明。

Step 2. 加入添加物，將皂液倒入皂模。

1. 皂液分成數等分，分別加入添加物攪拌
（參照 P.31）。

2. 將事先準備好的白色手工皂磨碎。

3. 把磨碎的手工皂加在皂液裡。

4. 皂模一邊墊高，把海邊1白色皂液往皂模一邊倒（皂液黏度等級4，參照P.106）。

5. 將五穀粉皂液放進擠花袋裡，擠在白色海邊上（皂液黏度等級4，參照P.106）。

6. 倒入大海皂液，將皂模填滿（皂液黏度等級4，參照P.106）。

7. 輪流以藍色與灰藍色皂液將大海填滿，直到褐色部分完全被覆蓋。

8. 以湯匙將島嶼的皂液舀入皂模裡（皂模黏度等級4，參照P.106）。

9. 接下來再倒入天空的皂液至填滿程度（皂液黏度等級4，參照P.106）。

10. 以湯匙在皂液表面畫出波浪紋路後即完成。

Step 3. 「最後階段」，參照P.30共通基本步驟的說明。

○─ Making Note ─○

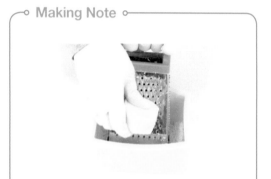

把手工皂磨碎時，除了用不鏽鋼磨泥器，也可以用刀子切碎。

這一款要介紹的是清晨時分，
旭日從山的那頭緩緩昇起的圖案。
昏暗的山頭、火紅的太陽，
以及深藍色的天空三種顏色形成對比，
在搭配上十分協調，給人一種強烈的印象。

應用圖案手工皂

清晨的日出

🦋 材料

[基底油] 3 號配方（參照 P.155）
共 750 公克

[精油]
花梨木 5 毫升、薰衣草 15 毫升

[氫氧化鈉水溶液]
氫氧化鈉 110 公克（減鹼 3％）、精
製水 247 公克

[添加物]
青黛粉、竹炭粉、皂用銀色珠光粉

🦋 皂液分成數等分

天空：750 公克，青黛粉、竹炭粉（深藍色）
大地：120 公克，竹炭粉（黑色）
矮山：120 公克，竹炭粉（灰色）
高山：110 公克，青黛粉、竹炭粉（藍色）
太陽：事先做好備用

Step 1.「將油和氫氧化鈉水溶液攪拌均勻」，參照P.29共通基本步驟的攪拌皂液說明。

Step 2. 加入添加物，將皂液倒入皂模。

1. 皂液分成數等分，分別加入添加物攪拌
（參照P.31）。

2. 將大地的皂液薄薄鋪在皂模底部（皂液黏
度等級4，參照P.106）。

3. 接下來把矮山的皂液倒入，讓皂液有點凹凸不平的感覺，效果會更自然。

4. 為了營造高山的感覺，倒入高山的皂液後，往一邊堆成尖尖的小山。

5. 為了讓山看起來更自然，以湯匙整理皂液表面。

6. 利用篩網將銀色珠光粉撒在上面，讓界線更明顯。

7. 將一半量的天空皂液倒入皂模裡。

8. 放入事先做好的圓形紅色太陽手工皂（參照P.32）。

9. 將剩餘皂液全部倒入皂模。

10. 以湯匙在皂液表面畫出紋路。

11. 最後撒上少許銀色珠光粉即完成。

Step 3. 「最後階段」，參照P.30 共通基本步驟的說明。

大功告成!!

○ Making Note ○

● 製作大地與山時，分層之間的界線不用
太筆直，刻意塑造出有點歪七扭八的樣
子，看起來會更自然。

● 在皂液表面撒上少許皂用珠光粉或化妝
品用珠光粉，就能有閃閃發亮的效果。

這款手工皂的設計著重於散發寧靜與幽雅，

看起來是不是很像一副水彩畫呢？

乍看之下好像很難、很複雜，

其實只要慢慢按照步驟做，簡單就能完成。

6

應用圖案手工皂

山與樹

🍂 材料

[基底油] 3 號配方（參照 P.155）
共 750 公克

[精油]
花梨木 5 毫升、薰衣草 15 毫升

[氫氧化鈉水溶液]
氫氧化鈉 110 公克（減鹼 3%）、精
製水 247 公克

[添加物]
青黛粉、栗皮粉、小麥草粉、辣木粉、
可可粉、二氧化鈦

🍂 皂液分成數等分

天空：590 公克，青黛粉（天藍色 4 號）
山：250 公克，小麥草粉、辣木粉（深綠色、
淺綠色）
大地：80 公克，可可粉（褐色）
雲朵：180 公克，二氧化鈦（白色）
樹木：事先做好備用

Step 1. 「將油和氫氧化鈉水溶液攪拌均勻」，參照 P.29 共通基本步驟的攪拌皂液說明。

Step 2. 加入添加物，將皂液倒入皂模。

1. 皂液分成數等分，分別加入添加物攪拌
（參照 P.31）。

2. 將大地的皂液集中倒在皂模一邊（皂液黏
度等級 3，參照 P.106）

3. 以湯匙把山的兩種顏色皂液輪流舀入皂模裡，再以湯匙將皂液堆成小山（皂液黏度等級5，參照P.106）。

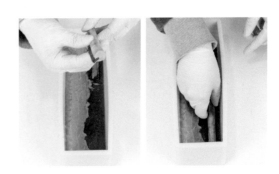

4. 把事先做好的圓形樹木手工皂放進去。

5. 把2/3量顏色最淺的天空皂液倒入皂模裡（皂液黏度等級3，參照P.106）。

6. 以小湯匙將雲朵皂液薄薄鋪上（皂液黏度等級4，參照P.106）。

7. 倒入剩餘的天空皂液，將雲朵完全覆蓋住。

8. 舀入顏色第二深的天空皂液（皂液黏度等級3，參照P.106）。

9. 舀入顏色第三深的天空皂液（皂液黏度等級3，參照P.106）。

10. 倒入所有剩餘的皂液，並稍微整理（皂液黏度等級3，參照P.106）。

11. 以湯匙將剩餘的雲朵皂液舀進皂模，整理好雲朵的形狀即完成。

Step 3. 「最後階段」，參照P.30 共通基本步驟的說明。

大功告成!!

◦ Making Note ◦

樹木造型手工皂的做法很簡單，先在圓形手工皂上挖洞，再插入細長條手工皂即可。由於細長條手工皂是當作樹幹，所以要調成深褐色。

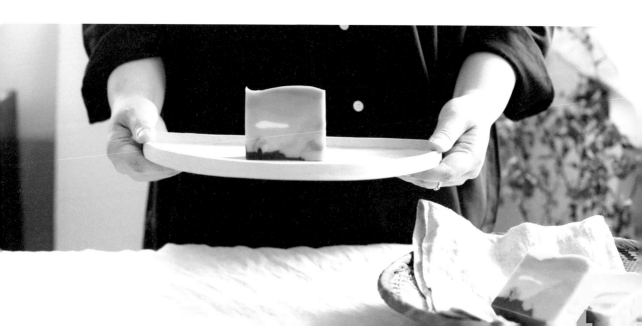

手工皂也能變成可口的蛋糕。

蛋糕手工皂最大的特色，就是只要在顏色上面做點變化，

就能做出各式美味蛋糕。

應用圖案手工皂

美味蛋糕

🧴 材料

[基底油] 3 號配方（參照 P.155）
共 750 公克

[精油]
花梨木 5 毫升、薰衣草 15 毫升

[氫氧化鈉水溶液]
氫氧化鈉 110 公克（減鹼 3%）、精
製水 247 公克

[添加物]
二氧化鈦、各色色粉

🧴 皂液分成數等分

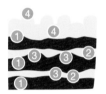

① 3 個蛋糕夾層：600 公克
② 中間 2 個奶油層：150 公克
③ 中間圓形裝飾：130 公克
④ 最上面的奶油與裝飾：220 公克

Step 1. 「將油和氫氧化鈉水溶液攪拌均勻」，參照P.29共通基本步驟的攪拌皂液說明。

Step 2. 加入添加物，將皂液倒入皂模。

1. 皂液分成數等分，分別加入添加物攪拌
（參照P.31）。

2. 將200公克的蛋糕夾層皂液倒入皂模裡
（皂液黏度等級3，參照P.106）。

3. 將中間圓形裝飾皂液填入擠花袋裡，擠出3個長條（皂液黏度等級5，參照P.106）。

4. 長條之間的空間，以奶油皂液填滿（皂液黏度等級3，參照P.106）。

5. 以湯匙舀200公克蛋糕夾層皂液進皂模裡（皂液黏度等級3，參照P.106）。

6. 取擠花袋，再擠出2個長條（皂液黏度等級5，參照P.106）。

7. 中間再以奶油皂液填滿（皂液黏度等級3，參照P.106）。

8. 將剩餘蛋糕夾層皂液全部倒入皂模裡（皂液黏度等級3，參照P.106）。

9. 用擠花袋擠將皂液擠出來,就像擠蛋糕奶油一樣(皂液黏度等級4,參照P.106)。

10. 以各種尺寸的擠花,將所有空間填滿即完成。

Step 3. 「最後階段」,參照P.30共通基本步驟的說明。 大功告成!!

○ Making Note ○

● 因為要使用擠花袋將皂液擠出造型,所以皂液黏度格外重要。

● 皂液黏度說明可參照P.106。

● 可使用各種顏色的色粉,做出多變的蛋糕手工皂。

這款色彩繽紛的西瓜手工皂，

一看到就讓人想大快朵頤一番。

相信在夏天時，一定大受歡迎。

應用圖案手工皂

西瓜

🍳 材料

[基底油] 2 號配方（參照 P.155）
共 750 公克

[精油]
廣藿香 5 毫升、山蒼樹 5 毫升、檸檬 10 毫升

[氫氧化鈉水溶液]
氫氧化鈉 110 公克（減鹼 3%）、精製水 247
公克

[添加物]
卡拉明、小麥草粉、綠球藻粉、竹炭粉、色粉

[其他]
雞冠花籽

🍳 皂液分成數等分

果肉：880 公克，卡拉明、粉紅
色色粉少許

瓜皮 1：150 公克，二氧化鈦（白
色）

瓜皮 2：40 公克，小麥草粉、
綠色色粉少許（淺綠色）

瓜皮 3：30 公克，綠球藻粉、
綠色色粉少許（深綠色）

籽：事先做好備用，竹炭粉

Step 1. 「將油和氫氧化鈉水溶液攪拌均勻」，參照 P.29 共通基本步驟的攪拌皂液說明。

Step 2. 加入添加物，將皂液倒入皂模。

1. 皂液分成數等分，分別加入添加物攪拌
（參照 P.31）。

2. 瓜皮皂液填入擠花袋。

3. 皂模底部擠3條深綠色皂液（皂液黏度等級3，參照P.106）。

4. 再擠入較粗的綠色皂液（皂液黏度等級3，參照P.106）。

5. 接著再擠入白色皂液，注意不要破壞底部的瓜皮結構（皂液黏度等級3，參照P.106）。

6. 以湯匙將果肉的皂液舀進去（皂液黏度等級4，參照P.106）。

7. 中間放入細條狀的黑色手工皂，用來代表西瓜籽。

8. 以湯匙將皂液往中間堆高。

9. 最後撒上細顆粒肥皂即完成。

Step 3. 「最後階段」，參照P.30 共通基本步驟的說明。

大功告成!!

─◦ Making Note ◦─

西瓜籽可事先做好黑色手工皂，切成細條狀後分散置入，或者也可以把黑色手工皂切細碎，混在果肉皂液裡，再一起倒入皂模中。

這一款手工皂是以法國畫家雷諾瓦的作品

《威尼斯的總督宮》（The Doge's Palace, Venice）為主面設計，

乍看構圖也許很複雜，

但只要一步一步跟著做，會發覺意外地簡單。

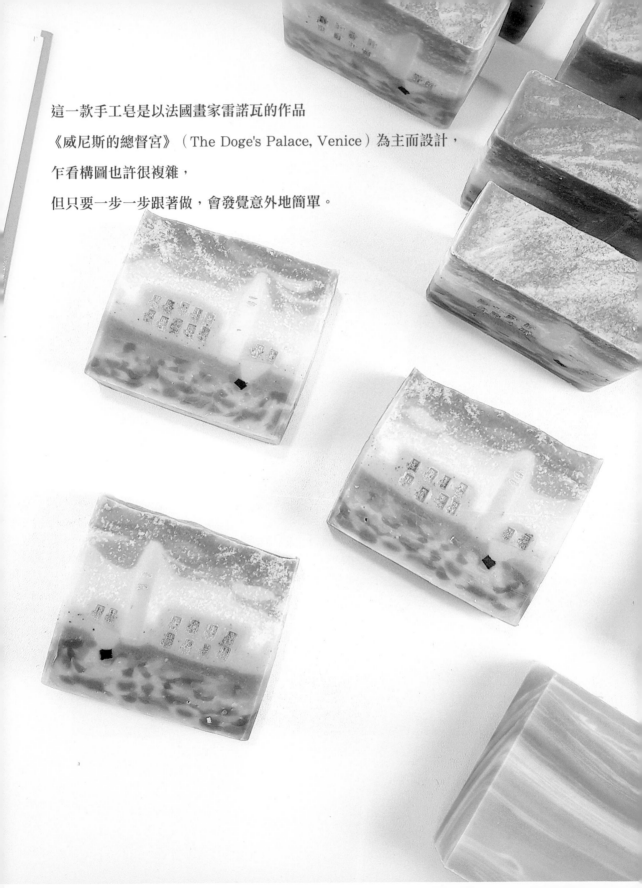

應用圖案手工皂

威尼斯全景

<table>
<tr>
<td>

🦣 材 料

[基底油] 2 號配方（參照 P.155）共 750 公克

[精油]
花梨木 5 毫升、薰衣草 15 毫升

[氫氧化鈉水溶液]
氫氧化鈉 110 公克（減鹼 3%）、精製水 247 公克

[添加物]
青黛粉、甜椒粉、湯花、小麥草粉、綠球藻粉、栗皮粉、五穀粉、色粉

</td>
<td>

🦣 皂液分成數等分

天空：500 公克，青黛粉、粉紅色色粉、紫色色粉（5 種色）。

河流：310 公克，青黛粉、甜椒粉、湯花、小麥草粉、綠球藻粉、粉紅色色粉（6 種色調）。

建築：290 公克，栗皮粉、五穀粉（褐色、象牙色）。

船隻：事先做好備用
尖塔：事先做好備用

</td>
</tr>
</table>

Step 1. 「將油和氫氧化鈉水溶液攪拌均勻」，參照P.29共通基本步驟的攪拌皂液說明。

Step 2. 加入添加物，將皂液倒入皂模。

1. 河流的皂液分別加入添加物攪拌（參照 P.31）。為了盡可能呈現名畫的感覺，必須準備五彩繽紛的顏色。

2. 將皂液填入擠花袋。

3. 取擠花袋，以左右來回的方式擠入皂液
（皂液黏度等級3，參照P.106）。

4. 輪流將6種顏色的皂液擠進皂模裡。

5. 接著放入事先做好的船隻手工皂。

6. 倒入建築物的皂液（皂液黏度等級4，參照
P.106）。

7. 在厚紙板上畫出建築物的輪廓後剪下，將
紙板掛在皂模上，從頭往尾部刮過一遍，
在皂液表面做出造型。

8. 將事先做好的尖塔手工皂切成薄片，放在
適當的位置。

9. 製作天空的皂液（皂液黏度等級2，參照 P.106）。

10. 倒入粉紅色皂液。

11. 倒入紫色與藍色皂液。

12. 以滴落方式倒入白色皂液，用來表現雲朵。

◦ **Making Note** ◦

若想更完美呈現航行在河流上的小船，把船隻手工皂切成三角形，就能做出船帆的感覺。

13. 最後倒入深藍色皂液即完成。

大功告成!!

Step 3. 「最後階段」，參照P.30共通基本步驟的說明。

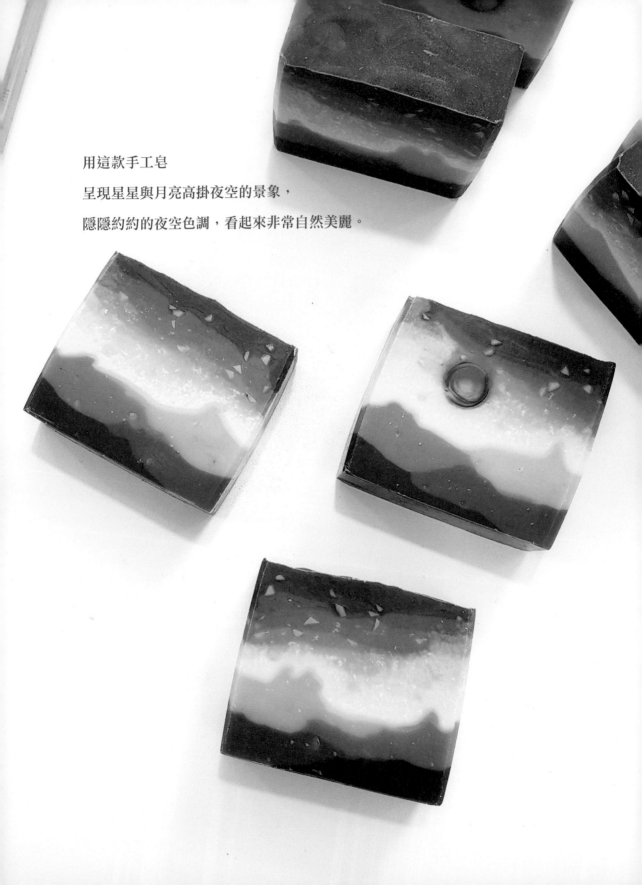

用這款手工皂

呈現星星與月亮高掛夜空的景象，

隱隱約約的夜空色調，看起來非常自然美麗。

⑩ 應用圖案手工皂

夜空

🦋 材料

[基底油] 2 號配方（參照 P.155）
共 750 公克

[精油]
花梨木 5 毫升、薰衣草 15 毫升

[氫氧化鈉水溶液]
氫氧化鈉 110 公克（減鹼 3%）、精
製水 247 公克

[添加物]
青黛粉、竹炭粉、湯花

🦋 皂液分成數等分

天空：600 公克，青黛粉、竹炭粉（藍色）
山：500 公克，竹炭粉（灰色 4 號）
月亮：事先做好備用，青黛粉、湯花
星星：事先做好備用，湯花

Step 1. 「將油和氫氧化鈉水溶液攪拌均勻」，參照P.29共通基本步驟的攪拌皂液說明。

Step 2. 加入添加物，將皂液倒入皂模。

1. 把山的皂液各分成100公克、100公克、150公克、150公克，加入竹炭粉調成4種深淺不一的顏色（參照P.31）。

2. 將一半量最深色的皂液倒入皂模裡（皂液黏度等級3，參照P.106）。

3. 將第二深色的皂液倒入皂模裡。

4. 將第三深色的皂液倒入皂模裡。

5. 將最淺色的皂液倒入皂模裡,然後把皂液表面堆成小山(皂液黏度等級4,參照P.106)。

6. 將星星部分的黃色手工皂切成細長條狀。

7. 準備天空的皂液(皂液黏度等級1,參照P.106)。

8. 取少許皂液裝在紙杯內,薄薄倒入一層。

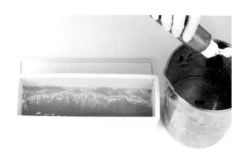

9. 加入添加物，把皂液顏色調深。

10. 取少許皂液裝在紙杯內，薄薄倒入一層。

11. 把切好的細長條手工皂放進去。

12. 再次倒入顏色較深的皂液。9.～11. 步驟
重複3～4次。

13. 放入事先做好的月亮手工皂與黃色手工
皂。

14. 將剩餘的皂液全部倒入即完成。

Step 3. 「最後階段」，參照P.30共通基本步驟的說明。 大功告成!!

Making Note

- 漸層技巧（參照P.75）能讓天空的顏色變化更自然。
- 為了讓顏色的變化更自然，建議先把顏色添加物加入油調散開來（參照P.31），再滴入皂液裡調色。

1888년 9월 캔버스 油彩 73×92cm
파리 개인 소장

BONUS

油&添加物
&配方總整理

前面的內容中已說明製作手工皂時的相關知識，

像是各種油的皂化值、精油氣味、

各種天然粉末的功效，

以及各種肌膚適合的基底油與精油、

肌膚適合的配方、設計風格手工皂推薦配方等，

但為了更方便讀者查找使用，

我再次將這些表格整理放在書末單元。

各種油的皂化值

油脂	氫氧化鈉值	油脂	氫氧化鈉值
椰油	0.183	玫瑰果油	0.133
棕櫚油	0.142	大豆油	0.136
葡萄籽油	0.1265	芒果脂	0.137
蓖麻油	0.1286	黑芝麻油	0.134
大麻籽油	0.1345	棉籽油	0.138
橄欖油（純）	0.134	硬脂油（stearic）	0.148
橄欖油（初榨）	0.133	猴麵包樹油	0.143
向日葵籽油	0.134	乳油木果油	0.128
油菜花油	0.133	蜂蠟	0.069
可可脂	0.138	榛果由	0.1356
花生油	0.136	荷荷巴油	0.069
小麥胚芽油	0.13	紅花籽油	0.136
杏仁油	0.135	白芒花籽油	0.12
綿羊油	0.076	玉米油	0.136
山茶花油	0.139	豬油	0.141
月見草油	0.135	琉璃苣油	0.1358
綠茶籽油	0.137	櫻桃籽油	0.135
印度苦楝油	0.139	咖啡脂	0.128
米糠油	0.128	亞麻籽油	0.135
甜杏仁油	0.136	貂油	0.14
夏威夷豆油	0.139	胡桃油	0.135

精油氣味系列別

草本系	羅勒、快樂鼠尾草、墨角蘭、辣薄荷、留蘭香、迷迭香、小茴香、麝香等
柑橘系	橘子、檸檬、葡萄柚、萊姆、香茅、香檸檬、桔子等
花香系	薰衣草、橙花、洋甘菊、老鸛草、茉莉、玫瑰等
東方情調	檀木、依蘭、香根草、廣藿香等
樹脂系	安息香、乳香、沒藥（末藥）等
辣味系	肉桂、薑、丁香、黑胡椒等
樹木系	尤加利樹、雪松、茶樹、杜松子、苦橙葉、松樹、花梨木等

天然粉末的功效

天然粉末	功效	天然粉末	功效
小麥草	恢復肌膚明亮、收縮毛孔	杏仁	保濕、抑制斑點
甜椒	含豐富維他命C、美白	可可	保濕
金盞花	止癢、緩和皮膚刺激	竹炭粉	清除毛孔污垢
綠泥	吸收皮脂、排出毒素	綠茶	改善青春痘、鎮定肌膚、改善黑斑與雀斑
魚腥草	改善青春痘、消炎、保護肌膚	卡拉明	止癢、消炎、保護肌膚
栗皮	改善青春痘、調理毛孔、去皮脂、去角質	五穀	去皮脂、去角質
南瓜	改善皺紋	黃土	清除毛孔污垢
青黛	抗菌、消炎	粉紅泥	軟化肌膚、調整肌膚紋理
辣木	消炎、抗氧化	湯花	止癢、保濕
陳皮	止癢、保濕	綠球藻	預防老化、改善皺紋、去角質、去皮脂

各種肌膚適合的基底油 / 精油

皮膚類型	基底油	精油
乾性肌	酪梨油、橄欖油、月見草油、山茶花油、荷荷巴油、蓖麻油、甜杏仁油、馬油、金盞花油、夏威夷豆油、菜籽油	薰衣草、玫瑰草、廣藿香、依蘭、檀木、花梨木、老鸛草、橙花
異位性皮膚炎	小麥胚芽油、貂油、乳油木果油、摩洛哥堅果油、瓊崖海棠油、玫瑰果油、亞麻仁油	洋甘菊、薰衣草、茶樹、老鸛草、檀木
油性肌	橄欖油、荷荷巴油、向日葵籽油、葡萄籽油、綠茶籽油、蓖麻油、聖約翰草油、榛果油、	薰衣草、乳香、香檸檬、檸檬、杜松子、絲柏、桔子、茶樹、葡萄柚、老鸛草
痘痘肌	橄欖油、荷荷巴油、向日葵籽油、葡萄籽油、綠茶籽油、杏仁油、甜杏仁油、蓮花油、酪梨油、榛果油	香檸檬、老鸛草、杜松子、薰衣草、檸檬、萊姆、桔子、苦橙葉、茶樹、迷迭香、檀木、山蒼樹、沒藥、橙花、鼠尾草、絲柏、洋甘菊、松樹、安息香
預防老化	橄欖油、荷荷巴油、玫瑰果油、夏威夷豆油、甜杏仁油、綠茶籽油、蓖麻油、月見草油、大豆油、米糠油、摩洛哥堅果油、核桃油、葡萄籽油、琉璃苣油	玫瑰、橙花、乳香、檀木、檸檬、橘子、依蘭、沒藥、玫瑰草
敏感肌	酪梨油、橄欖油、荷荷巴油、夏威夷豆油、月見草油、杏仁油、甜杏仁油、葡萄籽油、山茶花油	薰衣草、老鸛草、洋甘菊、橙花、花梨木
保濕	橄欖油、荷荷巴油、山茶花油、米糠油、榛果油、杏仁油、甜杏仁油、酪梨油、玫瑰果油、紅花籽油	薰衣草、桔子、花梨木、檀木

各種肌膚適合的配方

乾性肌	椰油160公克 棕櫚油150公克 橄欖油150公克 杏仁油150公克 米糠油90公克 乳油木果油50公克	椰油170公克 棕櫚油160公克 橄欖油150公克 夏威夷豆油120公克 甜杏仁油100公克 葡萄籽油50公克
油性肌	椰油220公克 棕櫚油200公克 橄欖油100公克 向日葵籽油100公克 葡萄籽油80公克 蓖麻油50公克	椰油220公克 棕櫚油220公克 綠茶籽油120公克 向日葵籽油90公克 葡萄籽油70公克 榛果油30公克
敏感肌	椰油180公克 棕櫚油170公克 橄欖油150公克 月見草油100公克 向日葵籽油100公克 酪梨油50公克	椰油190公克 棕櫚油180公克 金盞花浸泡油130公克 山茶花油100公克 杏仁油100公克 荷荷巴油50公克
孩童	椰油150公克 棕櫚油140公克 橄欖油200公克 酪梨油120公克 月見草油100公克 乳油木果油40公克	椰油90公克 棕櫚油80公克 橄欖油330公克 乳油木果油150公克 大麻籽油100公克
老化肌	椰油 190公克 棕櫚油180公克 橄欖油120公克 玫瑰果油80公克 紅花籽油120公克 乳油木果油60公克	椰油170公克 棕櫚油170公克 橄欖油150公克 酪梨油120公克 小麥胚芽油80公克 葡萄籽油60公克

設計風格手工皂推薦配方

● 1號配方
可延緩皂化速度，讓皂液濃度較稀，方便設計花樣。

1公斤手工皂 基底油 750公克	椰油170公克 棕櫚油160公克 橄欖油150公克 向日葵籽油100公克 杏仁油120公克 葡萄籽油50公克	500公克手工皂 基底油 375公克	椰油85公克 棕櫚油80公克 橄欖油75公克 向日葵籽油50公克 葡萄籽油25公克 杏仁油60公克

● 2號配方
一般常用的設計風格手工皂配方

1公斤手工皂 基底油 750公克	椰油190公克 棕櫚油170公克 橄欖油150公克 米糠油120公克 杏仁油50公克 蓖麻油40公克 乳油木果油30公克	500公克手工皂 基底油 375公克	椰油95公克 棕櫚油85公克 橄欖油75公克 米糠油60公克 杏仁油25公克 蓖麻油20公克 乳油木果油15公克

● 3號配方
適合需要黏度較高皂液的手工皂

1公斤手工皂 基底油 750公克	椰油210公克 棕櫚油200公克 米糠油120公克 橄欖油100公克 蓖麻油40公克 向日葵籽油50公克 葡萄籽油30公克	500公克手工皂 基底油 375公克	椰油105公克 棕櫚油100公克 米糠油60公克 橄欖油50公克 蓖麻油20公克 向日葵籽油25公克 葡萄籽油15公克

Hands057

純淨溫和！插畫風手工皂
以天然色粉調色，30 款純色、混色、幾何圖形、繪畫圖案冷製皂

作者	金度希
翻譯	李靜宜
美術完稿	鄭雅惠
編輯	彭文怡
校對	連玉瑩
行銷	邱郁凱
企畫統籌	李橘
總編輯	莫少閒
出版者	朱雀文化事業有限公司
地址	台北市基隆路二段 13-1 號 3 樓
電話	02-2345-3868
傳真	02-2345-3828
劃撥帳號	19234566　朱雀文化事業有限公司
e-mail	redbook@hibox.biz
網址	http://redbook.com.tw
總經銷	大和書報圖書股份有限公司 (02)8990-2588
ISBN	978-986-97710-1-6
初版二刷	2020.05
定價	380 元

出版登記 北市業字第 1403 號

國家圖書館出版品預行編目 (CIP) 資料

純淨溫和！插畫風手工皂：
以天然色粉調色，30 款純色、混色、幾
何圖形、繪畫圖案冷製皂／金度希著 --
初版 . -- 臺北市：朱雀文化，2019.06
面；公分 --（Hands；057）
ISBN 978-986-97710-1-6（平裝）
1. 手工皂
466.4

全書圖文未經同意不得轉載和翻印
本書如有缺頁、破損、裝訂錯誤，請寄回本公司更換

About 買書

●實體書店：北中南各書店及誠品、金石堂、何嘉仁等連鎖書店均有販售。建議直接以書名或
作者名，請書店店員幫忙尋找書籍及訂購。
●●網路購書：至朱雀文化網站購書可享85折起優惠，博客來、讀冊、PCHOME、MOMO、誠品、
金石堂等網路平台亦均有販售。
●●●郵局劃撥：請至郵局窗口辦理（戶名：朱雀文化事業有限公司，帳號 19234566），掛
號寄書不加郵資，4 本以下無折扣，5 ～ 9 本 95 折，10 本以上 9 折優惠。